WIND
FARM

●● 기초공법에 중점을 두어

해상풍력발전

기술 매뉴얼

(재)연안개발기술연구센터(CDIT) 저
박우선, 이광수, 정신택, 강금석 역
안희도 감수

풍력발전은 석유 대체에너지로서 뿐만 아니라, 이산화탄소 등의 온실
효과가스를 배출하지 않는 순수하고 깨끗한 신재생 에너지의 발전방식으
로서 유망해지고 있다. 풍력발전시설의 입지요건으로는 끊임없이 부는 강한 바
람이 필요하므로, 육상에 비해 장애물이 적어 안정적으로 바람이 부는 장소인 항만
등의 해안지역은 그 설치에 적합하다.

KORDI 한국해양연구원

국립중앙도서관 출판시도서목록(CIP)

해상풍력발전 기술 매뉴얼 : 기초공법에 중점을 두어 /
(재)연안개발기술연구센터 저 ; 박우선, 이광수, 정신택, 강금석 역
; 안희도 감수.
-- 안산 : 한국해양연구원, 2011
(284p. ; 18.8×22.4cm)

원표제: 海上風力發電の 技術 マニコアル
원저자명: 沿岸開發技術研究センター
일본어 원작을 한국어로 번역
ISBN 978-89-444-1117-5 (93530) : ₩18,000

풍력 발전[風力發電]

563.5-KDC5
621.312136-DDC21   CIP2011005288

해상풍력발전 기술 매뉴얼
기초공법에 중점을 두어

초판 1쇄 2011년 12월 21일
초판 2쇄 2012년 1월 20일

저   자 (재)연안개발기술연구센터
역   자 박우선, 이광수, 정신택, 강금석
감   수 안희도
발 행 인 강정극
발 행 처 한국해양연구원
          경기도 안산시 상록구 해안로 787(사동)
등록번호 393-2005-0102(안산시 9호)
인쇄 및 보급처 도서출판 씨·아이·알(02-2275-8603)

ISBN 978-89-444-1117-5(93530)

본서의 한국어판 저작권은 한국해양연구원과 일본 (재)연안기술연구센터의 협약으로
한국해양연구원이 소유하고 있습니다.

•••• 역자서문

유럽연합은 2020년까지 온실 가스를 1990년 대비 20% 감소시키는 것을 목표로 내걸고 잇달아 대규모 해상풍력발전소 건설을 시작하고 있습니다. 2020년까지 4000만kW의 해상풍력을 개발하고 유럽연합 전체 전력수요의 3.6%를 조달하는 것을 목표로 설정하였으며, 북해에만 30여 개의 해상풍력발전소를 설치·운영하고 있고, 더 많은 설치 계획을 갖고 있습니다.

우리나라도 2020년까지 온실가스 배출전망치의 30% 절감을 목표로 세우면서 신재생에너지 개발의 필요성이 빠르게 높아지고 있으며, 정부에서 2010년 영광-부안 앞바다에 250만kW 규모의 해상풍력단지 건설 계획을 발표하면서 해상풍력 개발에 대한 관심이 더욱 높아지고 있습니다.

해상풍력은 육상풍력과는 달리 대형화가 가능하여 한 기당 5MW급의 대형 풍력발전시스템이 개발되었으며, 20MW급의 초대형 풍력발전 시스템의 개발도 시도되고 있습니다. 이와 같이 풍력시스템이 대형화되면서 전체 건설비용에서 하부기초구조가 차지하는 비중이 급속도로 높아지고 있어 보다 더 안정성이 높고 경제적인 새로운 개념의 기초구조에 대한 개발요구가 증대되고 있습니다.

역자들은 일찍이 해상풍력에 관심을 갖고 새로운 하부구조형식 개발에 대한 고민을 하던 중 일본 연안개발기술연구센터에서 발간한 『해상풍력발전 기술 매뉴얼-기초공법에 중점을 두어』를 접하게 되었습니다. 이 책은 1999년 10월부터 2년간 (재)연안개발기술연구센터(현, 연안기술연구센터)와 민간기업이 공동으로 항만, 연안지역에 있어서의 풍력발전시스템에 관한 공법의 기술개발 및 그 보급을 목적으로 수행한 연구의 결과물로, 해상풍력발전의 고정식 기초설계 과정에 대해서 체계적으로 잘 정리되어 있습니다. 해상풍력발전 입문자, 특히 설계자들에게 좋은 참고서가 될 것으로 판단이 되어 번역서를 발간하게 되었습니다.

해상풍력에 대한 수요가 증가하고 있는 현 시점에서 발간되는 본 번역서는 큰 의미를 지닌다고 생각하며, 이 번역서가 해상풍력 기초구조의 설계에 대한 이해와 새로운 기초구조형식의 개발에 기여하고, 우리나라의 해상풍력 기술수준을 높이는 데 기여할 수 있을 것으로 확신합니다. 끝으로 이 기술 매뉴얼이 번역되고 출판되기까지 수고해주신 관계자 여러분들께 심심한 감사를 드리며, 또한 번역서 발간을 흔쾌히 수락해준 일본 연안개발기술연구센터(CDIT)의 오바라 코헤이(小原 恒平) 이사장을 위시한 집필진에게 감사의 뜻을 전합니다.

2011년 12월
대표역자 **박 우 선**

•••• 저자서문

  온난화, 산성비, 산림파괴 등 지구 규모의 환경파괴가 진행되어 지구환경문제에 국제적인 관심이 높아지는 가운데, 환경부하가 적은 새로운 에너지원으로의 전환이 시급히 요구되고 있습니다. 이 같은 상황 속에서, 예로부터 여러 가지로 이용되어온 무한 에너지 '바람'을 이용한 풍력발전이 주목을 받고 있으며, 특히 이산화탄소를 배출하지 않는 발전방식이라는 점에서 더욱 기대를 모으고 있습니다.

  일본에서는 1990년대에 들어 전력회사를 중심으로 시험 및 실증용 대형풍력발전기가 설치되었으며, 1990년대 후반부터는 사업용 설비가 설치되고 있습니다. 또한 최근에는 수입풍차의 기술 향상에 의한 효율화와 정부의 풍력발전 지원조치 등으로 급속한 진전을 이루어 1995년에 약 1만kW이던 것이 2000년에는 10만kW를 넘었으며, 현재도 많은 풍력발전의 도입이 계획되어 있습니다.

  그러나 지금까지의 풍력발전설비가 육상에 한정되었고 그 입지조건으로서 안정적인 바람은 물론, 설치장소로의 반입로와 송전선을 필요로 하기 때문에, 일본의 경우 복잡한 지형에 따른 많은 잠재적 제약이 비용 상승의 요인이 되고 있습니다. 따라서 일본이 향후 풍력에너지를 십분 활용해가기 위해서는 세계유수의 긴 해안선을 가진 해양국가라는 지리적인 조건을 활용하고 육상에 비해 장애물이 적고 안정적이며 양호한 바람을 얻을 수 있는 항만, 연안지역을 이용한 발전이 필요합니다.

  이와 같은 배경 하에 (재)연안개발기술연구센터에서는 1999년 10월부터 민간기업과 공동으로 항만, 연안지역에서의 풍력발전시스템에 관한 공법의 기술개발과 그 보급을 목적으로 연구를 진행해왔으며, 이번에 지금까지의 연구 성과를 정리해 「해상풍력발전기술 매뉴얼(2001년도 판)」을 발간하게 되었습니다.

본 매뉴얼은 풍력발전시설을 해상에 설치할 때 과제가 되는 기초구조에 착안하여 현재의 기술을 활용한 설계 및 시공방법을 제안하고 있습니다. 이후, 일본에서 해상풍력발전의 계획이나 설계에 종사하시는 분은 물론이고 광범위한 독자층분들에게 참고가 될 것으로 확신합니다.

끝으로 본 매뉴얼을 정리하는 데 열심히 토의와 검토를 해주신 '항만·해안지역 풍력발전기술검토위원회'의 모든 분들께 진심으로 감사의 말씀을 드립니다.

2002년 6월
(재)연안개발기술연구센터
이사장 **이노우에 고우지**(井上 興治)

•••• 목차

제1편 해상풍력발전과 매뉴얼의 목적

01 총칙

1.1 기술 매뉴얼의 목적

 지구환경문제에 대해 국제적 관심이 높아지고 있는 가운데, 환경부하가 적은 신(新)에너지 도입의 촉진이 중요해지고 있다. 풍력발전은 석유 대체에너지로서 뿐만 아니라, 이산화탄소 등의 온실효과가스를 배출하지 않는 순수하고 깨끗한 신재생에너지의 발전방식으로서 유망한 분야가 되고 있다. 풍력발전시설의 입지요건으로는 끊임없이 부는 강한 바람이 필요하므로, 육상에 비해 장애물이 적고 양호하며 안정적으로 바람이 부는 장소가 많은 항만 등의 해안지역은 그 설치에 적합하다. 구미(유럽과 미국)의 풍력발전시설도 처음에는 내륙부의 풍황(風況)이 좋은 장소에서부터 설치가 시작되었는데, 최근에는 경관이나 소음 등 환경상의 문제 외에 풍차의 규모가 대형화되면서 해상에 설치하는 사례가 늘고 있다. 세계유수의 긴 해안선을 가진 해양국가로서 아직 해상에 설치한 예가 없는 일본에게 해상풍력발전 도입의 촉진은 당면한 급선무이다. 이와 같은 배경 하에 (재)연안개발기술연구센터에서는 1999년 10월부터 민간기업과 공동연구로 항만·해안지역의 풍력발전시스템에 관계되는 공법의 기술개발과 그 보급을 목적으로 연구를 진행해 왔으며, 그 연구성과를 이번에 「해상풍력발전 기술매뉴얼(2001년도판)」로서 정리하였다.
 풍력발전에 관한 각종 검토 프로그램은 NEDO(신에너지·산업개발기구), NEF(신에너지재단) 등에 구비되어 있으나 해상시설을 대상으로 한 것은 없어, 공동연구에서는 해상에 설치되는 풍력발전시설의 기초구조에 착안해 현시점에서 일본에 사례가 없고, 해상시설의 큰 과제가 되고 있는 기초공법에 대해 현재의 기술을 응용한 설계 및 시공법을 제안한다.

1.2 적용 범위

이 매뉴얼은 해상에 설치하는 풍력발전시설의 기초구조물을 대상으로 한다.
본 매뉴얼에 기술되어 있지 않은 사항은 대상이 되는 구조물에 관련된 기존의 기준과 지침 등을 적용한다.

[해설]

본 매뉴얼은 해상에 설치되는 풍력발전기초의 설계법에 중점을 둔 것이다. 그러나 풍력발전에 관해서는 외국에 비해 도입이 늦고 일반적으로 정보도 적은 점을 고려해 '풍력발전은 어떤 것인가?, 현재의 도입상황은 어떠한가? 도입하는 데 검토해야 할 사항에는 어떤 것이 있는가?'라는 기초적인 정보에 대한 개요도 대략적으로 소개하는 것을 기본으로 하여 작성하였다. 또한 국내에서는 육상에 설치한 사례가 많기 때문에 그 도입에 관한 입문서나 가이드북과 같은 것은 있지만, 해상을 그 대상으로 하는 것은 없기 때문에 해상 특유의 사항에 대해서는 특히 유의하여 작성하였다.

1.3 용어의 정의

이 매뉴얼에서 사용하는 용어에 대한 내용은 아래와 같다.
 (1) 해상 : 항만시설을 포함하는 연안지역을 총칭해서 해상으로 한다.
 (2) 해상풍차 : 해상을 그 설치장소로 하는 풍력발전시설 중 나셀(nacelle), 블레이드(blade), 타워(tower) 부분을 총칭해서 해상풍차라고 한다.
 (3) 풍력발전과 관련된 용어는 다음 페이지에 기술한다.
 (4) 여기서 정의되고 있지 않은 용어는 항만시설 기술상의 기준·동(同)해설(일본항만협회 1999년 4월) 및 JIS C 1400-0 : 1999 풍력발전용어에 따른다.

풍력발전시스템 관련 용어

풍력발전시스템 : 바람이 가진 운동에너지를 전기에너지로 변환하는 시스템이다. 본 매뉴얼에서는 약칭해 풍력발전이라고도 부른다.

풍차 : 단일 또는 복수의 로터를 가진 풍차를 말한다. 본 매뉴얼에서는 나셀, 블레이드, 타워 부분을 총칭해서 풍차라고 부른다.

블레이드(blade) : 풍차의 회전날개를 블레이드라고 한다.

허브(hub) : 블레이드 또는 블레이드의 조립부분을 로터·샤프트에 장착하는 부분이다.

풍차 로터(rotor) : 풍차에서 바람으로부터 에너지를 흡수하기 위해 회전하는 부분이다. 블레이드, 허브, 샤프트 등으로 구성된다.

나셀(nacelle) : 수평축 풍차에서, 타워 상부에 배치되어 동력전달장치, 발전기, 제어장치 등을 수납하는 부분이다.

타워(tower) : 풍차로터, 동력전달장치, 발전기 등을 지상으로부터 적절한 높이에 지지하기 위한 가대(架台)이다. 모노파일식, 트러스식 등이 있다.

페더링(feathering) : 바람의 입력에 대해 회전방향의 힘이 생기지 않도록 블레이드의 피치각(pitch angle)을 풍향에 평행하게 하는 것이다.

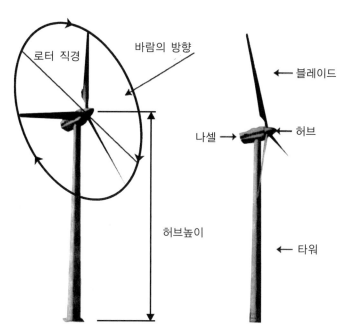

그림 1.1.1 풍력발전시스템 개요도(풍차부)

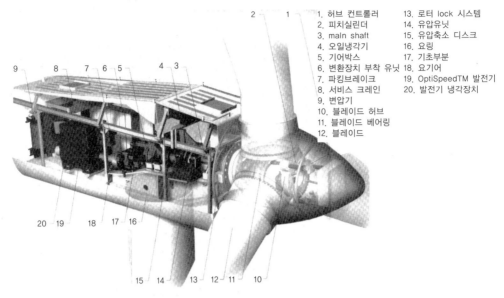

1. 허브 컨트롤러
2. 피치실린더
3. main shaft
4. 오일냉각기
5. 기어박스
6. 변환장치 부착 유닛
7. 파킹브레이크
8. 서비스 크레인
9. 변압기
10. 블레이드 허브
11. 블레이드 베어링
12. 블레이드
13. 로터 lock 시스템
14. 유압유닛
15. 유압축소 디스크
16. 요링
17. 기초부분
18. 요기어
19. OptiSpeedTM 발전기
20. 발전기 냉각장치

그림 1.1.2 풍력발전시스템의 구조 예

1.4 설계 기준

본 매뉴얼에서 해상풍차기초를 설계할 때 참조한 법규, 기준 및 매뉴얼은 아래와 같다.

· 건축기준법시공령(2001년 정령 제211호)

· JIS C 1400-0 : 1999 풍력발전용어

· JIS C 1400-1 : 2001 풍력발전시스템 - 제1부 : 안전요건

· 항만시설기술상의 기준·동해설(일본항만협회, 1999년)

· 콘크리트표준시방서(토목학회, 2002년 제정)

· 강구조물설계지침(토목학회, 1997년)

· 철근콘크리트 구조계산규준·동해설(일본건축학회, 2001년 개정)

· 도로교시방서·동해설(일본도로협회, 1996년)

· 해양건축물구조설계지침(고정식)·동해설(일본건축학회, 1987년)

· 해양건축물구조설계지침(부유식)·동해설(일본건축학회, 1990년)

· 탑상(塔狀)강구조설계지침·동해설(일본건축학회, 1980년)

· 연돌(煙突)구조설계시공지침(일본건축센터, 1982년)

· 자켓(jacket) 공법기술 매뉴얼(연안개발기술연구센터, 2000년)

· 풍력발전도입 가이드북(신에너지·산업기술종합개발기구, 2000년)

· 풍황정사(風況精査) 매뉴얼(개요판) (신에너지·산업기술종합개발기구, 1997년)

· 운수성항만기술연구소 편저 「항만구조물의 유지·보수 매뉴얼」
  (연안개발기술연구센터, 1999년)

· 내선규정(일본전기협회 전기기술기준 조사위원회, 1995년)

· 기술자료 기자(技資) 제107호 전선·케이블의 내용연수에 대해(일본전선공업회)

· 수리공식집(토목학회, 1999년)

· Recommended Practice for Planning, Designing and Constructing Fixed Offshore Platforms — Working Stress Design (RP2A-WSD) 20th Edition (American Petroleum Institute : 미국석유협회, 1993년)

※ 본 매뉴얼은 발간시점에서의 기술수준을 전제로 하고 있기 때문에 참조한 기준·지침 등이 개정된 경우에는 그 최신판을 적용한다.

02 풍력발전이용의 현재 상황

2.1 지구환경문제를 둘러싼 정세

대기의 온도가 서서히 온난화되고 있어 평균기온이 과거 100년간 0.5도의 상승을 기록하고 있다. 이것은 산업혁명 이후의 인간활동과 매우 밀접한 관계가 있으며, 온난화와 이산화탄소 농도 간에는 강한 상관성이 있음이 입증되고 있다. 화석연료의 소비로 배출되는 막대한 양의 이산화탄소로 온난화가 가속화되어 지구환경보전에 심각한 영향을 주기 시작하고 있다. 이 문제를 해결하기 위한 대책은 비화석(非化石)에너지 도입의 추진이며, 국제적 관심 속에 화석연료에서 자연에너지, 신재생에너지와 같은 새로운 에너지원으로 전환하려는 다양한 시도가 이루어지고 있다.

그 가운데, 예로부터 이용되어온 무한 에너지 '바람'을 이용하는 풍력발전이 주목을 받고 있으며, 특히 이산화탄소를 배출하지 않는 깨끗한 발전방법 때문에 더욱 기대를 모으고 있다.

바람이라는 공기의 운동은 태양에 의해 따뜻해진 지구상 공기온도의 불균형으로 발생하기 때문에 풍력에너지는 태양이 있는 한 영원히 얻을 수 있는데, 이와 같은 에너지를 신재생에너지라 한다. 신재생에너지에는 풍력 이외에 태양광, 태양열, 수력, 파력(波力) 등이 있다.

2.2 각국의 풍력발전 도입 규모

풍력발전은 신재생에너지 중에서도 실용화와 보급이 크게 기대되는 기술의 하나이며, 이미 유럽과 미국을 중심으로 세계 각지에서 상당량의 상업운전이 이루어지고 있다. 「WIND POWER MONTHLY」 2002년 1월호에서 소개된 해외의 풍력발전도입량을 보면 1위가 독일로 810만kW이며, 이어 미국이 424만kW, 스페인 318만kW, 덴마크 242만kW로 상위 4개국만 합하더라도 1,800만kW에 달하고 있다. 현재 풍력발전의 도입은 특히 유럽의 여러 나라를 중심으로 매우 빠른 속도로 진전되고 있는데, 이는 풍력을 이용해온 역사적 토양과 환경문제에 대한 적극적인 대응의 표현이라고 할 수 있다. 특히 덴마크에서는 총 발전용량에 대한 풍력의 도입량이 10%를 넘어섰다. 2030년에는 총 전력소비량의 절반이 넘는 550만kW의 풍력발전능력을 목표로 하고 있으며, 그 중에서 약 70%에 해당하는 400만kW는 해상풍력발전으로 예정되어 있다.

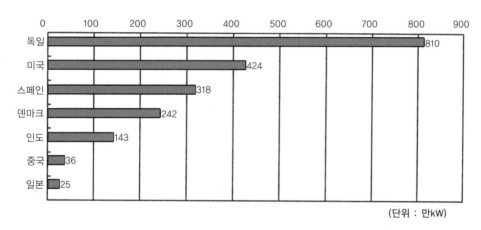

그림 2.2.1 각국의 풍력발전시설 도입 상황

2.3 각국의 지원제도

풍력발전의 도입이 1980년대에 미국, 1990년대에 유럽에서 급성장을 이룬 배경에는 환경문제에 대해 각국에서 채택한 각종 지원책이 한몫을 한 데 있다.

(1) 독일

1991년에 제정된 전력매입법(EFL)은 전력회사에게 신재생에너지로 발전한 전력의 매입의무를 부과한 것으로, 풍력의 경우에는 매입가격을 전력소비자가격의 90%로 정하였다. 2000

년 4월에는 신재생에너지법(EEG)이 제정되었으며, 전력매매가격의 설정, 매상비용의 공평한 부담 등을 정하고 있다.

(2) 미국

1978년에 제정된 공익사업규제제작법(PURPA)은 신재생에너지 등을 이용한 발전 사업자가 도매전기사업에 참여하는 것을 인정한 것으로, 각 전력회사가 회피비용(전력회사가 발전시설을 새로이 설치하는 경우에 상당하는 발전비용)으로 전량 매입할 것을 의무화한 것이다. 이 제도 외에 캘리포니아 주가 투자 감세정책 등을 적극적으로 펼쳤기 때문에 많은 독립계발전사업자(IPP)가 탄생하여 집합형 풍력발전 플랜트(Wind Farm)가 다수 건설되었다. 현재는 여러 주(州)에서 전력 자유화에 의한 저가격연료(화석연료)로의 집중을 막고 자연에너지를 보급하기 위해 신재생에너지의 도입비율을 할당하는 RPS 제도를 실시하고 있다.

(3) 덴마크

1978년에 각 전력회사의 풍력발전에 관한 매입의무(일반전기요금의 70%, 1992년 이후는 85%)가 부과되고, 1979년부터 풍력발전시험소 시험에 합격한 풍차의 건설에 30%의 보조(보조율은 점차 낮아져 1989년에 폐지됨)가 실시되자 여러 풍력발전회사가 생겨났으며 많은 집합형 풍력발전 플랜트(Wind Farm)가 건설되었다. 이 외에 CO_2세 면제, 계통연계에 관련된 지원책도 실시되고 있다.

표 2.3.1 국가별 총 발전용량에 대한 풍력발전용량의 비율과 향후 도입목표

국명	풍력발전용량 (kW)	총 발전용량에 대한 풍력발전용량의 비율 (%)	도입목표
독일	810만	7	–
미국	424만	0.5	2010년까지 1,000만kW
덴마크	242만	10	2030년까지 550만kW
스페인	318만	7	지방자치단체별로 목표를 설정
중국	36만	0.1	–
일본	25만	0.1	2010년까지 300만kW

주) 총 발전용량은 1999년도판 전기사업법편람 주요 각국의 총 발전설비 및 총 발전전력량의 데이터(1997)를 사용

(4) 스페인

스페인의 풍력발전은 최근 수년간 급증하고 있다. 1997년에 제정된 신(新)전기사업법 중에서 신재생에너지의 발전비율을 높이기 위해 장려금제도, 세제우대조치, CO_2 에너지세 환급 등의 시책을 추진하고 있다. 1999년에는 기존의 발전판매단가보다 한층 더 보조가 확대된 새로운 법이 제정되었다.

2.3.1 종량요금 청구방식

종량요금 청구방식은 신재생에너지 발전사업자에게 지불되는 가격을 설정하고 개발하는 설비용량의 결정은 시장에 맡기는 것이다.

신재생에너지 자원 발전사업자의 발전전력에 대해 일정 가격이 보증되는 종량요금 청구방식은 독일, 스페인, 가장 최근까지는 덴마크에서 사용되어 큰 성과를 올려왔다. 〈표 2.3.2〉는 종량요금 청구방식의 이점에 대해 기술한 기사를 인용한 것이다. 이 표에는 종량방식을 취하고 있는 국가와 경쟁입찰정책을 취하고 있는 국가에 설치되어 있는 풍력발전의 설비용량이 비교되어 있다.

표 2.3.2 종량요금청구방식과 용량할당을 기본으로 하는 방침의 비교

	국명	1998년 겨울의 설비용량 (MW)	1998년에 확대한 용량 (MW)	1인당 설비용량 (MW)	면적당 설비용량 (MW)
가격규제가 있는 국가 (전력매입법)	독일	2,875	794	35.1	8.1
	덴마크	1,448	300	275.3	33.6
	스페인	707	195	18.0	1.4
	합계	5,030	1,289	39.8	5.6
수량규제가 있는 국가 (경쟁입찰)	영국	333	14	5.7	1.4
	아일랜드	73	20	20.3	1.1
	프랑스	19	9	0.3	0.03
	합계	425	43	3.5	0.5

독일은 종량요금 청구방식을 개정 중인데, 일정기간 또는 일정량의 전력에 대해 지불하는 고정요금제로 바꿀 가능성이 있다. BWE는 0.19DEM/kWh 또는 가정수요가 가격의 75%를

5년간 지불하고, 그 이후는 터빈의 수명이 다해 운전이 중지될 때까지 0.14DEM/kWh(또는 가정용 가격의 55%)를 지불하는 것을 제안하고 있다. 해상풍력발전 플랜트에 대해서는 보다 비싼 요금을 10년간 받는 것을 제안하고 있다.

2.3.2 용량할당제도

이 제도는 신재생에너지 도입의 달성수준을 설정해 공급 전체에 대한 비율 혹은 각 기술별로 바람직한 용량으로 정하며, 가격은 시장에 맡기는 것이다.

2.3.3 경쟁입찰정책

영국의 비화석연료구입의무(NFFO)와 아일랜드의 대체에너지요구(AER)는 경쟁입찰정책이다. 가맹한 주(州)는 공공정책의 요건에 따라 신재생에너지의 바람직한 공급수준을 결정하고 자기 주(州)의 전력공급에 대해 일련의 입찰을 실시한다. 입찰을 원하는 업자는 자신의 프로젝트를 갖고 참가하며 최저 입찰가를 제시한 업자가 수주하게 된다. 신재생에너지자원에 의한 전력을 구입할 때 발생하는 추가비용은 전력요금에서 무차별적으로 징수된다.

2.3.4 그린(Green) 증명서

전력시장의 자유화에 따라 매입의무부과에 의한 가격보증적인 지원제도를 대신해 네덜란드와 같이 '그린(Green) 증명서'를 발행, 신재생에너지의 보급을 지원하는 제도도 존재한다. 이것은 신재생에너지로 발전한 발전사업자가 발전한 전력을 일반 전력시장에서 시장가격에 기초해 판매하고 비교적 비싼 신재생에너지에 의한 발전비용과 전력시장가격과의 차액은 증명서의 판매로 보충하는 구조로 되어 있다. 이 그린(Green) 증명서 제도는 네덜란드 이외에 이탈리아, 덴마크에서도 도입이 예정되어 있으며, 스웨덴에서도 이와 유사한 '클리메이트(Climate) 증명서' 시스템이 제안되고 있다.

2.3.5 덴마크의 지원제도

덴마크에서는 신재생에너지로 발전한 전력에 대해 경쟁원리에 기초한 그린 시장이 도입되게 되어 있다. 기술적인 문제로 연기되었으나 당초 2001년 1월에 실시될 예정이었다.

과도기적인 조치로서, 이미 설치되었거나 2002년 말까지 건설될 신재생에너지 플랜트에 대해서는 〈표 2.3.3〉과 같은 매입요금을 결정하고 있다. 발전사업자는 종량방식의 보조금을 계속 받으면서 그린 증명서의 거래로 수입을 보충하게 된다. 이 기간에 증명서의 최저 및 최고가격이 결정된다. 2003년에는 완전한 그린 시장이 확립될 것으로 기대되고 있다.

표 2.3.3 신재생에너지에 의한 발전전력의 매입요금(2002년까지의 잠정조치)

풍력발전			
	매입가격(고정) (DKK/kWh)	CO₂세 면제 (0.10DKK/kWh)	보조금 (0.17DKK/kWh)
민간(100kW 미만)	0.33 10년간	YES	25,000 풀가동시간
민간(100kW~200kW)	0.33 10년간	YES	25,000 풀가동시간
민간(201kW~599kW)	0.33 10년간	YES	15,000 풀가동시간
민간(600kW 이상)	0.33 10년간	YES	2000년 1월 1일 운용개시 12,000 풀가동시간
전력회사의 기설(旣設)	NO	NO	NO
민간 2000~2002년 신설	0.33 10년간	NO	그린증명서로 전환 (최대 0.27DKK/kWh)
전력회사 2000~2002년 신설 육상	NO	NO	NO
전력회사 2000~2002년 신설 해상	0.33 10년간	NO	그린증명서로 전환 (최대 0.27DKK/kWh)

주) 소규모 가정용 풍력발전에는 특별한 규정이 적용된다.
출처 : 「양력풍력발전의 전망」((재)신에너지재단)
　　　「덴마크의 신재생에너지」(Renewable Energy in Denmark-Danish Energy Agency에서)

각국의 지원제도와 풍력발전의 보급상황을 비교해 볼 때 큰 성과를 올리고 있는 것은 종량요금 청구방식이다.

2.4 일본에서의 도입실적

일본에서의 풍력발전 도입은 선샤인(sunshine)계획, 전력회사 및 제조회사에 의한 시험연구용 등이 주를 이루었으나 환경문제에 대한 관심이 높아지면서 1990년에 발전시설 설치수속의 간소화를 골자로 한 전기사업법의 개정, 1992년에 전력회사의 잉여전력 매입제도 개시, 1994년에 국가의 신에너지 도입요강 제정(풍력에너지의 도입목표 설정 : 2000년에 2만kW),

1995년에 NEDO의 풍력발전 필드 테스트사업 개시, 1997년에 신에너지 사업자 지원제도 개시, 1998년에 신에너지 도입요강 제정(풍력발전의 도입목표 확대 : 2010년까지 30만kW) 등 풍력발전 신에너지의 도입촉진을 위한 조건정리가 추진되어왔다. 일본의 풍력발전도입량 추이를 살펴보면 〈그림 2.4.1〉과 같다.

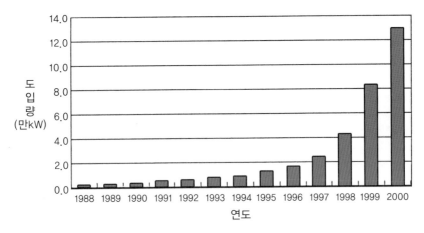

그림 2.4.1 일본의 풍력발전도입량 추이

특히, 1992년의 잉여전력 매입제도와 1997년의 신에너지 사업자 지원제도는 그 도입시기가 〈그림 2.4.1〉에 나타낸 풍력발전 도입량의 증가 속도가 대폭 상승한 시기와 일치하고 있어 풍력발전시설의 도입촉진에 이들의 제도가 크게 기여한 것을 엿볼 수 있는데, 2001년 4월 시점에서는 설비용량이 150MW로 총 전력용량의 0.06%에 다다르고 있다.

종합자원 에너지조사회 신에너지부회에서는 풍력발전의 2010년 목표치를 300만kW로 지금까지의 10배로 하는 내용이 제안되었는데, 이를 실현하기 위해서도 해상풍력시설의 실현 및 향후 사회의 지원체제의 정비가 요망된다.

03 풍력발전시스템

3.1 풍력에너지의 특징

풍력발전은 자연에너지인 풍력에너지를 풍차를 이용해 회전에너지로 변환하고 이것으로 발전기를 돌려 전기에너지를 얻는 것이다.

일반적으로 바람은 지상에서 높이가 높아질수록 강해지기 때문에 풍차의 높이는 가능한 한 높게 하는 것이 유리하다. 또한 풍차가 얻는 에너지는 풍차의 수풍(受風)면적에 비례한다.

단위면적당 풍력에너지는 풍력에너지밀도라 하며, 다음 식으로 표현된다.

$$P = \frac{1}{2}\rho V^3$$

풍력에너지는 풍속의 3승이 되기 때문에 예를 들어 풍속이 2배가 되면 풍력에너지는 8배가 된다.

정격출력 2MW 기종의 경우 타워의 높이는 약 60m, 풍차의 직경은 약 66m 정도이다. 이급의 기종으로, 가동률에 따라 다르겠으나 연간 총 발전량이 500만kWh일 경우 일반가정의 소비전력으로 환산하면(연간 3,360kWh) 약 1500세대분이 된다.

풍력발전의 특징은 환경오염물질의 배출이 전혀 없어 청정한 발전시스템인 동시에 바람이라는 신재생에너지를 이용하기 때문에 에너지 자원이 거의 무한하다는 점을 들 수 있다. 그러나 바람은 항상 변화해 풍향이나 풍속이 끊임없이 변동하기 때문에 안정적인 발전출력을 얻기 힘들고, 바람의 에너지밀도가 작은 것이 단점으로 지적되고 있다. 이러한 단점을 풍력발전의 최적지 확보, 대형풍차 또는 풍차의 복수(複數) 설치에 의한 발전출력의 증대와 안정화로 보완하면 친환경적인 발전설비로서 운용할 수 있다.

풍력발전시스템에는 항상 바람의 방향을 향하도록 하는 요(yaw) 제어 혹은 출력을 제어하는 피치 제어기능 등이 갖추어져 있어, 보다 많은 안정된 출력을 얻을 수 있게 되어 있다. 또한 저풍속에서도 발전이 가능하도록 풍속에 따라 발전기를 전환해 광범위한 풍속영역에서 발전할 수 있는 발전시스템이나 풍속의 변화에 추종하는 가변속방식의 풍차도 실용화되고 있다.

3.2 풍력발전의 일반적인 설치요건

풍력발전을 설치할 경우의 일반적인 요건은 다음과 같다.

- 전력회사와의 계통연계가 필요하므로 고압선(6600V) 또는 특별 고압선이 근처까지 와 있을 것
- 블레이드, 나셀, 타워 등 거대하고 긴 자재의 운반을 위해 비교적 넓고 제한높이가 높은 도로에 연결되어 있는 장소일 것
- 건설장소도 규모에 맞는 넓이의 평탄한 작업지를 확보할 수 있을 것
- 소음, TV에 대한 전파장애 등을 고려해 규모에 따라 달라질 수 있겠으나 일반적으로 민가로부터 200~300m 이상 떨어질 것
- 바람이 강한 지역은 당연하며, 연중 바람을 얻을 수 있는 장소일 것
- 전기의 판매가격을 고려하면 자가소비를 할 수 있는 시설의 근처일 것

일본은, 국토가 협소해 풍황(風況)이 좋은 장소일지라도 풍차의 건설이 곤란한 산악지대이거나, 토지가 이미 활용되고 있는 경우, 또는 건설비용의 상승을 가져올 수 있는 송전선이나 도로가 아직 정비되어 있지 않은 장소인 경우가 많은 반면에 항만을 포함한 연안구역은 위의 요건을 충족하기 쉬운 환경이라고 할 수 있다.

3.3 풍력발전시스템의 구조

풍차의 구조로서, 대표적인 프로펠러형 풍력발전시스템의 개념도를 〈그림 3.3.1〉에 나타내었다. 풍력발전시스템은 풍력에너지를 기계적 동력으로 변환하는 로터부(블레이드, 허브, 로터), 로터에서 발전기로 동력을 전달하는 전달계(동력전달축, 증속기), 발전기 등의 전기계(발전기, 전력변환장치, 트랜스, 계통연계 보호장치), 시스템을 운전, 제어하는 제어계(출력제어, 요(yaw) 제어, 브레이크) 및 타워 등의 지지·구조계(나셀, 타워, 기초)로 구성된다.

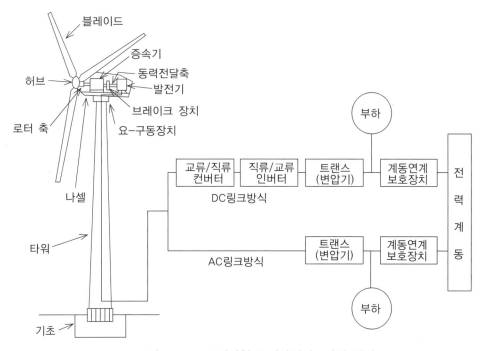

그림 3.3.1 프로펠러형 풍력발전시스템의 개념도

출처 :「풍력발전 도입 가이드북」NEDO

04 해상풍력발전

4.1 왜 해상풍력발전인가?

유럽과 미국에서의 풍력발전도, 처음에는 내륙부의 풍황이 좋은 장소에서 설치가 시작되었으나, 최근에는 경관이나 소음 등 환경상의 문제 외에 풍차 규모의 대형화로 입지조건에 여러 가지 제약을 받게 되어 향후의 계획은 해상발전이 주가 되고 있다.

(1) 해상에는 강하고 안정된 바람이 분다

① 해상은 바람이 강하다.

해상의 풍속은 육상에 비해 강하고, 연안에서 떨어진 해역에서는 20% 정도 풍속의 증가가 전망되고 있다. 육상부의 지형에 따라서는 근접한 육상부에 비해 연안부의 풍속이 40%에서 80% 정도까지 큰 실측사례도 있다. 지형이 바람에 주는 영향에서, 육상과 해상의 가장 큰 차이는 지표면의 조도(粗度)이다. 일반적으로 육상 지표의 조도는 건축물이나 지형의 기복 때문에 크다. 이는 육상에서는 마찰 및 난류로 인한 에너지의 감쇠(減衰)가 크다는 것을 의미한다. 한편, 해상에서는 파(波)에 의한 해면의 기복이 있다고 해도 조도가 작다. 따라서 해상에서는 육상에 비해 바람에너지가 감쇠되기 어렵고, 안정된 바람이 분다고 할 수 있다. 보통 해상의 바람이 육상의 바람에 비해 강하다고 하나, 해상의 바람이 육상에 도달한 후 큰 조도로 인해 감쇠한다고 언급하는 것이 옳다. 특히 일본과 같이 국토가 협소하고 평탄한 토지가 적으며, 산지가 많은 곳에서는 안정한 풍력에너지를 활용할 수 있는 장소가 적은 것이 현상(現狀)이다.

② 해상풍은 난류성분이 적다.

온도 차(差)는 대기-육지보다 대기-수면 쪽이 작기 때문에, 해상에서의 난류성분은 육상보다 적다. 난류성분이 적기 때문에, 풍차나 블레이드에 주는 기계적 피로가 작아져 결과적으로 풍력발전시스템의 수명이 길어진다.

③ 바람의 연직 쉬어(shear)가 작다.

해면의 조도계수가 작기 때문에 해상은 육상과 비해 고도에 따른 풍속의 변화가 적다. 이는 해상에서는 육상에 비해 타워를 낮게 설정해 경제성을 높일 수 있다는 가능성을 보여준다.

(2) 대형풍차의 설치 및 운반이 가능하다

풍차는 대형화할수록 경제적이기 때문에 매년 대형화되고 있다. 일본의 최대 규모인 홋카이도 토마고마이(北海道 苫前)에 설치되어 있는 1.65MW급 기종에서는 블레이드(회전날개) 1개의 길이가 약 33m, 타워(풍차의 지주부분) 높이 60m, 타워의 최대직경이 약 4m로 되어 있다. 이 급이 되면 육상에서는 설치 및 운반이 가능한 장소가 한정되나, 해상 또는 연안부에서는 해상 및 항만을 이용해 대형작업선에 의한 작업이 가능하기 때문에 이러한 문제가 적을 것으로 생각된다. 최근에 유럽과 미국에서는 해상에 설치하는 것을 전제로 한 대형풍차의 개발이 진행되고 있다.

(3) 시설의 건설과 철거가 용이하다

풍차의 건설 및 철거는 크레인 등을 사용해 용이하게 할 수 있다. 화력발전시설 등 기존의 시설은 용지취득과 건설에 장기간을 요하나, 풍차는 단기간에 공사할 수 있다. 또 원자력발전시설과 같이 철거에 막대한 비용을 필요로 하지도 않는다.

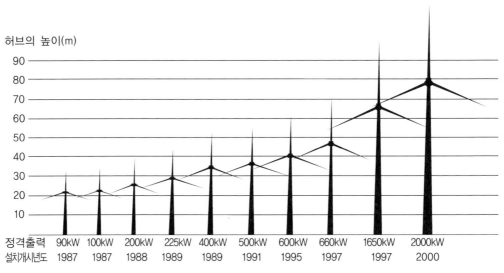

허브의 높이(m)

정격출력	90kW	100kW	200kW	225kW	400kW	500kW	600kW	660kW	1650kW	2000kW
설치개시년도	1987	1987	1988	1989	1989	1991	1995	1997	1997	2000

그림 4.1.1 풍차대형화의 경위

데이터 제공 : VESTAS 사

표 4.1.1 대표적인 대형풍차의 사양

제조사명		VESTAS				BONUS		ENERCON		N·E·G MICON	
형식		V66			V80	1.3MW	2MW	E66		NM64C /1500	NM72 /2000
		1.65MW	1.75MW VCS	2.0MW VCS	2.0MW VCS			로터직경 66m	로터직경 70m		
성능	정격출력	1.65MW	1.75MW	2.0MW	2.0MW	1.3MW	2MW	1.8MW		1.5MW	2.0MW
	컷인 풍속 (m/s)	4.0	4.0	4.0	4.0	3.0	3.0	2.5		4.0	4.0
	정격풍속 (m/s)	17.0	16.0	17.0	15.0	15.0	15.0	13.0	12.0	14.0	14.0
	컷아웃 풍속 (m/s)	25.0	25.0	25.0	25.0	25.0	25.0	−		25.0	25.0
로터 타워	로터직경(m)	66.0	66.0	66.0	80.0	62.0	76.0	66.0	70.0	64.0	72.0
	형식	수평축 프로펠러형									
	배치방식	업윈드									
	제어방식	피치 제어				스톨 제어		피치 제어		스톨 제어	
	허브높이(m)	60~78	60~78	60~78	60~78	45~68	60~80	65~98		68	64
발전기	형식	유도발전기 Asynchronous with OptiSlip VCS형 :Asynchronous with OptiSpeed				유도발전기 Asynchronous		동기 발전기		유도발전기 Asynchronous, 4/6pole	
	전압(V)	690				690	690	440		690	960

(4) 소음 등 환경에 관한 문제가 적다

풍력발전기는 블레이드가 회전할 때 다소 소음이 발생한다. 또 타워, 나셀이 금속제이기 때문에 전파장애를 일으킬 가능성도 있다. 그러나 해상에서는 이러한 문제의 발생 가능성이 육상에 비해 적을 것으로 생각된다.

4.2 해상 풍력발전의 가능성

4.2.1 해상 풍력발전의 현상에 대해

유럽 해상풍력발전의 실적은 2001년 8월 기준으로 아래 〈표 4.2.1〉과 같다. 현재 설치되어 있는 이들 시설은 실증연구시설이며, 영국을 포함한 덴마크, 네덜란드, 스웨덴이 중심이 되어 향후 적극적으로 대규모 해상풍력발전을 도입할 계획이다. 상기 4개국에 독일을 더한 5개국의 해상시설만으로 2005년에는 총계 260만kW에 달할 것으로 보인다.

표 4.2.1 유럽의 해상 풍력발전시설(2001년 8월 현재)

국명	스웨덴	덴마크	네덜란드	덴마크	네덜란드
시설명	Nogersund	Vindeby	Lely	Tunø Knob	Dronten
건설년도	1990	1991	1994	1995	1996
출력×기수	220kW×1기	450kW×11기	500kW×4기	500kW×10기	600kW×19기
입지	블레킹게 지방의 어항	로랜드섬 서부	암스테르담의 북쪽 50km	유틀란드 반도, 외해 5km 부근이며, 반도와 트노섬 사이	암스테르담의 북동쪽 50km
배치	외해 250m의 해상에 1기	외해 1.2~2.4km에 2열로 11기	외해 800m의 호면(湖面)에 해안선과 평행하게 설치	트노섬 외해 3km에 2열로 10기	호면선(湖面線)에 평행하게 설치
풍차 제조회사	Wind World (NEG Micon 그룹)	Bonus	NedWind (NEG Micon 그룹)	Vestas	Nordtank (NEG Micon 그룹)
수심	–	2.5~5m	5~9m	3.1~4.7m	5m
기초	모노파일	케이슨	말뚝식	케이슨	말뚝식
비고			담수호		담수호

(표 계속)

국명	스웨덴	덴마크	네덜란드	덴마크	네덜란드
이름	Bockstigen	Blyth	middelgrunden	Utgrunden	Yttre Stengrund
건설 년도	1997	2000	2000	2000	2001
출력×기수	550kW×5기	2000kW×2기	2000kW×20기	1430kW×7기	2000kW×5기
입지	발트해 중앙부 고틀란드섬 남부해안	뉴캐슬 북동쪽 연안	코펜하겐의 외해 2~3km	칼마 남부 윌란드섬 외해 8km	칼마 남부 kristianopel 외해 3km
배치	풍차간격 350m이며 V자형으로 설치	외해 1.0km 여울에 2기	원호상으로 20기	여울을 선택해서 랜덤하게 배치	여울을 선택해서 랜덤하게 배치
풍차 제조회사	Wind World (NEG Micon그룹)	Vestas	Bonus	Tacke	NEG Micon
수심	5.5~6.5m	6~11m	2~6m	6~10m	8~10m
기초	모노파일	모노파일	케이슨	모노파일	모노파일
비고					

이들 해상풍력에 중점을 둔 계획의 배경으로, 스웨덴, 독일에서는 탈 원자력 정책에 따라 신재생에너지의 이용 촉진이 중요한 과제인 점, 덴마크, 네덜란드에서는 일본과 마찬가지로 국토가 협소하기 때문에 경관상의 문제 등으로 육상부에서는 향후 대규모 건설이 어려운 점, 영국에서는 일본과 같은 해양국가로서 해상을 유망한 선택지로 생각하고 있는 점을 들 수 있다.

2001년 8월 현재 완성되어 있는 대규모 해상시설로는 코펜하겐 시 외해에 2MW×20기(4만 kW)의 집합형 풍력발전 플랜트(Wind Farm)가 있다.

사진 **4.2.1** Middelgrunden 집합형 풍력발전 플랜트(Wind Farm)

4.2.2 일본 연안 해상풍의 특징

일본 연안 해상풍의 특징에 대해 나가이(永井) 등[1]이 검토한 사례가 있다.

연안 및 해상에 관한 바람의 관측 데이터로 전국항만해양파랑정보망(나우파스 : NOWPHAS : NationWide Ocean Wave information netWork for Ports Harbors)를 통해 수집된, 전국 28개 관측지점에서 2시간 간격으로 관측한 기록이 있다.

다음 페이지에 있는 〈표 4.2.2〉는 각 지점의 누계인 계절별 평균풍속을 나타낸다.

---

1) 나가이 토시히코(永井紀彦), 가츠우미 츠토무(勝海務), 오가지마 노부유키(岡島伸行), 스미다 고우지(隅田耕治), 쿠다카 마사노부(久高將信), "NOWPHAS 데이터로부터 추정한 해상연안지역에서의 풍력발전의 가능성", 『해양개발논문집』, Vol.17, 2001, pp.19-24.

표 4.2.2 각 관측지점의 계절별 평균풍속

(단위 : m/s)

지점명	1월	2월	3월	4월	5월	6월	7월	8월	9월	10월	11월	12월	통계
루모이(留萌)	7.8	6.8	6.5	5.5	5.1	4.6	4.2	5.0	5.4	6.7	7.5	7.8	6.1
세타나(瀬棚)	7.0	6.4	5.9	4.7	4.4	4.7	4.0	4.2	3.9	4.9	6.0	6.9	5.2
아키타(秋田)	9.2	8.3	7.5	5.8	5.4	4.8	4.2	4.6	4.8	6.2	7.4	8.2	6.3
사카다시(酒田)	10.0	9.2	8.2	6.4	5.9	6.4	5.1	5.3	6.2	7.2	8.7	9.9	7.4
니이가타오키(新潟沖)	9.0	7.6	6.4	5.0	4.6	4.3	5.1	4.1	4.5	5.3	6.5	7.4	5.9
와지마(輪島)	6.4	5.8	4.6	3.7	3.1	2.8	2.7	2.8	3.5	3.7	4.5	5.2	3.9
아이노시마(藍島)	5.3	4.7	3.7	3.2	3.4	2.9	3.2	2.9	2.6	3.0	3.4	4.1	3.5
겐가이나다(玄界灘)	6.0	5.7	7.0	6.3	5.9	6.0	6.6	6.4	6.2	5.6	6.4	6.9	6.2
이오우지마(伊王島)	6.2	5.8	5.2	4.3	3.6	3.5	3.4	3.3	3.7	3.9	4.8	5.1	4.4
나하(那覇)	5.7	5.9	4.9	4.5	4.2	4.7	4.3	4.7	5.3	4.8	5.5	5.3	5.0
몬베츠(紋別)	4.4	3.5	4.1	3.6	3.8	3.3	3.0	3.2	4.1	4.1	4.1	3.9	3.8
토가치(十勝)	2.7	2.7	2.8	2.6	2.4	2.0	1.8	1.8	2.2	2.6	2.7	2.5	2.4
무츠오가와라(むつ小川原)	5.5	5.1	5.2	4.8	4.8	4.7	4.0	4.3	4.4	4.5	4.6	4.8	4.7
하치노헤(八戸)	4.8	4.7	4.9	4.7	4.3	3.9	3.4	3.7	3.6	4.0	4.1	4.3	4.2
가마이시(釜石)	3.7	3.5	4.1	3.8	4.0	3.5	3.2	3.4	3.7	4.1	3.9	4.0	3.7
이시노마키(石巻)	3.7	3.9	3.8	3.2	3.2	3.3	3.4	3.4	3.4	3.6	3.7	3.8	3.5
센다이신코(仙台新港)	5.6	5.8	5.9	4.5	4.3	4.0	3.8	4.2	4.4	4.5	4.6	5.1	4.7
히타치나카(常陸那珂)	4.1	4.3	4.6	4.4	3.9	3.6	3.6	3.7	4.4	4.2	4.2	4.2	4.1
가시마(鹿島)	3.9	4.0	4.7	4.3	3.9	3.8	2.8	3.7	4.4	4.0	3.8	3.5	4.0
다이니가이호우(第二海堡)	6.0	6.0	6.6	5.6	5.2	5.2	5.4	4.9	6.0	5.7	6.1	5.7	5.7
아시카시마(アシカ島)	5.9	6.0	7.4	7.1	6.3	6.8	6.8	6.4	7.2	6.9	6.3	6.1	6.6
간사이쿠우코우(關西空港)	5.9	7.2	5.7	4.9	4.2	4.2	5.0	4.8	5.1	5.2	5.8	6.4	5.3
코베(神戸)	5.7	5.0	4.9	4.6	4.8	4.9	4.8	4.2	5.1	4.8	5.1	4.9	4.9
고마츠지마(小松島)	6.8	6.5	6.3	5.5	5.3	5.1	5.3	5.0	5.2	5.3	5.9	6.1	5.7
가리타(苅田)	6.5	5.8	5.4	4.5	5.0	5.0	5.3	5.2	5.4	5.1	5.0	5.4	5.3
미야자키(宮崎)	8.4	7.8	7.5	6.5	5.6	5.7	6.2	6.1	6.5	6.5	6.8	7.1	6.7
나카구스쿠완(中城湾)	3.9	3.4	3.5	3.6	3.7	4.1	4.2	3.7	4.1	3.3	3.4	3.5	3.7
타이라(平良)	4.5	4.1	3.6	3.8	3.7	4.0	3.8	4.0	4.5	4.0	4.8	4.7	4.2
이시가키(石垣)	3.9	3.8	3.4	3.5	3.5	4.6	4.1	4.1	3.5	3.6	4.0	3.4	3.8

〈그림 4.2.2〉는 전국 연안의 하계, 동계 및 1년간의 풍속 출현빈도 분포를 나타낸 것이다. 가로축은 풍속을 나타내는데, 풍속은 2m/s의 단계로 구분하여 각 단계의 출현빈도를 표시하고 있다. 굵은 선은 1년간의 전체 관측데이터를 포함한 출현빈도, 가는 선은 1년간의 전체 관측데이터 중 동계(冬季)의 출현빈도, 파선은 하계(夏季)의 출현빈도를 각각 의미한다.

〈그림 4.2.2〉를 보면 풍속의 출현빈도가 관측지점에 따라 크게 다른 것을 알 수 있다.

계절변동에 주목해 태평양 쪽을 살펴보면 하계와 동계의 차이가 항상 명확한 것은 아니어서 계절에 따른 풍속 출현특성의 변동이 그다지 크지 않다. 동해(일본해) 쪽에서는 동계 계절풍의 영향이 강하기 때문에 하계보다 동계에 바람이 강해지는 경향을 볼 수 있다. 그러나 동해(일본해) 쪽에서는 연안의 파랑과 관련해 극단적인 정온(靜穩)상태가 하계에도 계속되는 것으로 알려져 있는데 바람과 관련해서는 남쪽(육지) 바람의 영향을 받기 때문에 무풍(無風) 상태가 많이 관측되고 있지는 않다.

나우파스(NOWPHAS)의 데이터를 토대로 산정한 에너지밀도의 결과를 〈표 4.2.3〉에 나타낸다.

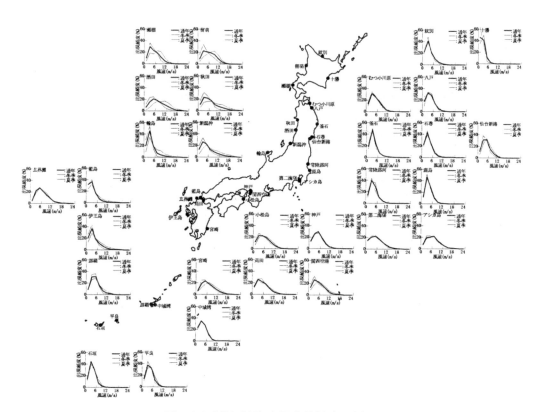

그림 4.2.2 일본 연안의 풍속출현빈도 분포도

표 4.2.3 에너지밀도 및 발전량의 산정결과

관측지점명	관측고 (m)	연평균풍속 (m/s)	풍속분포		환산평균풍속 (m/s)		에너지밀도(W/m2)			V66-1.75MW기 연간발전량 (MWh)	설비 이용률 (%)
			A	k	10m	60m	관측고	10m	60m		
루모이(留萌)	13.350	6.07	7.00	2.09	5.83	7.53	268	237	510	4.916	32.1
세타나(瀬棚)	15.000	5.24	6.00	1.83	4.95	6.39	185	158	327	3.408	22.2
아키타(秋田)	10.000	6.34	7.00	1.52	6.34	8.19	391	391	851	5.219	34.0
사카다시(酒田)	19.200	7.36	8.30	1.85	6.71	8.66	500	378	815	6.028	39.3
니이가타오키 (新潟沖)	17.600	5.85	6.20	1.35	5.40	6.97	347	275	590	4.065	26.5
와지마(輪島)	10.000	3.93	3.80	1.20	3.93	5.08	113	113	243	2.001	13.1
아이노시마 (藍島)	10.000	3.53	3.70	1.14	3.53	4.56	112	112	238	1.658	10.8
겐가이나다 (玄界灘)	24.600	6.24	6.90	1.99	5.48	7.08	271	183	397	4.022	26.2
이오우지마 (伊王島)	8.000	4.39	4.50	1.26	4.53	5.85	162	180	389	2.892	18.9
나하(那覇)	14.500	5.01	5.50	1.67	4.75	6.13	163	141	304	2.810	18.3
몬베츠(紋別)	15.000	3.75	4.00	1.45	3.54	4.57	82	70	150	1.546	10.1
토가치(十勝)	10.500	2.40	2.60	1.51	2.39	3.08	21	21	46	445	2.9
무츠오가와라 (むつ小川原)	12.000	4.74	5.40	1.82	4.62	5.96	135	126	274	2.916	19.0
하치노헤(八戸)	16.500	4.20	4.80	1.82	3.91	5.05	98	81	173	1.895	12.4
가마이시(釜石)	20.000	3.74	3.90	1.38	3.39	4.37	85	63	136	1.272	8.3
이시노마키 (石巻)	11.000	3.54	4.00	1.64	3.50	4.52	63	61	132	1.357	8.9
센다이신코 (仙台新港)	12.000	4.71	5.30	1.89	4.58	5.92	122	115	248	2.703	17.6
히타치나카 (常陸那珂)	29.500	4.10	4.60	1.81	3.51	4.53	85	55	119	1.277	8.3
가시마(鹿島)	10.000	3.96	4.40	1.86	3.96	5.11	69	69	152	1.661	10.8
다이니가이호우 (第二海堡)	7.000	5.70	6.60	1.70	6.00	7.75	271	321	688	5.054	33.0
아시카시마 (アシカ島)	13.500	6.60	7.50	1.90	6.33	8.17	353	315	677	5.466	35.7
코-베(神戸)	14.000	4.88	5.60	1.93	4.65	6.01	146	128	275	2.852	18.6
고마츠지마 (小松島)	15.400	5.69	6.50	1.81	5.35	6.92	208	248	445	4.106	26.8
가리타(苅田)	9.000	5.31	6.10	1.77	5.39	6.96	203	215	462	4.199	27.4
미야자키(宮崎)	36.800	6.72	7.50	1.82	5.58	7.20	377	218	468	4.290	28.0
나카구스쿠완 (中城湾)	10.700	3.71	4.40	1.77	3.67	4.74	76	75	162	1.559	10.2
타이라(平良)	14.000	4.15	4.80	1.71	3.96	5.11	103	91	186	1.629	10.6
이시가키(石垣)	16.000	3.80	4.40	1.72	3.55	4.59	74	62	133	1.152	7.5
칸사이MT쿄쿠 (關西MT局)	18.000	5.35	6.00	1.70	4.92	6.35	212	167	360	3.473	22.7

지상높이 10m로 환산한 풍력 에너지밀도의 산정치(算定値)가 150W/m² 이상인 지점은 루모이(留萌), 세타나(瀬棚), 아키타(秋田), 사카다시(酒田), 니이가타오키(新潟沖), 겐가이나다(玄界灘), 이오우지마(伊王島), 다이니가이호우(第二海堡), 아시카시마(アシカ島), 가리타(苅田), 미야자키(宮崎) 및 칸사이MT쿄쿠(關西MT局)로, 동해(일본해) 북부 연안에 위치하는 루모이(留萌), 세나타(瀬棚)와 아키타(秋田)를 제외하면 모두 해상탑(塔) 또는 섬이거나 암초상의 관측지점이다. 한편, 산정치가 80W/m² 이하인 지점은 몬베츠(紋別), 토가치(十勝), 가마이시(釜石), 이시노마키(石卷), 히타치나카(常陸那珂), 가시마(鹿島), 나카구스쿠완(中城湾), 타이라(平良), 이시가키(石垣) 등으로, 모두 태평양 쪽의 육상 관측지점이다. 즉, 풍력 에너지밀도는 해상 쪽이 육상보다 크며, 지역적으로는 동해(일본해) 북부 연안이 높은 것으로 추측된다. 표 안에서 설비이용률은 시스템의 정격출력에 대한 이용률을 나타내는 것으로 시스템 평가지표의 하나로 사용되며, 육상의 사례라면 20% 이상이 개발 실시의 기준이 된다(제2편, 제5장 (4) 참조).

일본 해상풍의 관측 데이터로는 나우파스(NOWPHAS) 외에 기상청이 수행하는 5기(基)의 해양관측 부표(buoy)와 항행선박으로부터 수집되는 것 등이 있으며, 풍력발전에 관한 해상풍의 상세한 조사(허브 높이에서의 평균풍속, 편차, 풍향, 최대풍속, 연직 쉬어(shear) 등)는 아직 실시되고 있지 않다.

4.2.3 해상풍력발전의 추진을 위한 과제

해상풍력발전의 추진을 위한 과제로는 해상 풍력발전기초의 건설비가 육상에 비해 고가, 송전선 부설 등의 송전비용이 고가, 어업과의 조정이 필요, 경관에 미치는 영향 등 환경상의 문제 등이 있다.

또한 가장 기본적이면서 중요한 문제로서 해상풍력발전시설의 설치에 관한, 설계·시공법이 정비되어 있지 않은 점을 들 수 있다. 본 매뉴얼에서는 제3편에 설계법을, 제4편에 시공법을 각각 소개한다.

제2편 해상풍력발전의 도입

01 해상풍력발전의 도입 흐름

해상풍력발전을 도입할 때에는 설치목적에 따른 적절한 수순을 밟는다.

[해설]

〈그림 1.1〉에 해상풍력발전을 도입할 때의 표준적인 흐름(flow)을 나타낸다.

흐름 중에 입지 등의 조사, 환경대책, 풍황의 정밀조사, 발전전력 예측, 풍차의 도입규모와 기종의 선정, 경제성 평가, 법규제에 대해서는 해상풍력발전을 도입할 때 사전 검토가 필요한 사항이므로 제2장 이후에 설명한다.

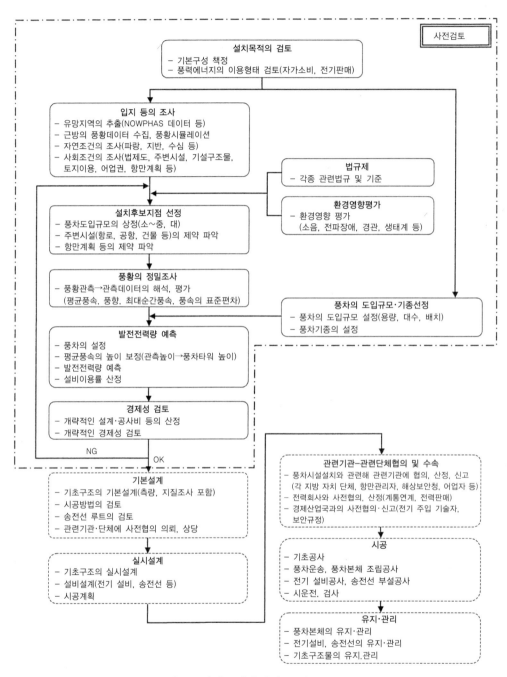

설치목적의 검토
- 기본구성 책정
- 풍력에너지의 이용형태 검토(자가소비, 전기판매)

사전검토

입지 등의 조사
- 유망지역의 추출(NOWPHAS 데이터 등)
- 근방의 풍황데이터 수집, 풍황시뮬레이션
- 자연조건의 조사(파랑, 지반, 수심 등)
- 사회조건의 조사(법제도, 주변시설, 기설구조물, 토지이용, 어업권, 항만계획 등)

법규제
- 각종 관련법규 및 기준

환경영향평가
- 환경영향 평가 (소음, 전파장애, 경관, 생태계 등)

설치후보지점 선정
- 풍차도입규모의 상정(소~중, 대)
- 주변시설(항로, 공항, 건물 등)의 제약 파악
- 항만계획 등의 제약 파악

풍황의 정밀조사
- 풍황관측→관측데이터의 해석, 평가 (평균풍속, 풍향, 최대순간풍속, 풍속의 표준편차)

풍차의 도입규모·기종선정
- 풍차의 도입규모 설정(용량, 대수, 배치)
- 풍차기종의 설정

발전전력량 예측
- 풍차의 설정
- 평균풍속의 높이 보정(관측높이→풍차타워 높이)
- 발전전력량 예측
- 설비이용률 산정

경제성 검토
- 개략적인 설계·공사비 등의 산정
- 개략적인 경제성 검토

NG   OK

기본설계
- 기초구조의 기본설계(측량, 지질조사 포함)
- 시공방법의 검토
- 송전선 루트의 검토
- 관련기관·단체에 사전협의 의뢰, 상당

관련기관–관련단체협의 및 수속
- 풍차시설설치와 관련해 관련기관에 협의, 산정, 신고 (각 지방 자치 단체, 항만관리자, 해상보안청, 어업자 등)
- 전력회사와 사전협의, 산정(계통연계, 전력판매)
- 경제산업국과의 사전협의·신고(전기 주입 기술자, 보안규정)

시공
- 기초공사
- 풍차운송, 풍차본체 조립공사
- 전기 설비공사, 송전선 부설공사
- 시운전, 검사

실시설계
- 기초구조의 실시설계
- 설비설계(전기 설비, 송전선 등)
- 시공계획

유지·관리
- 풍차본체의 유지·관리
- 전기설비, 송전선의 유지·관리
- 기초구조물의 유지.관리

그림 1.1 해상풍력발전의 도입 흐름

02 입지 등의 조사

도입을 검토할 때는 우선 양호한 풍황이 기대되는 유망지역을 추출한 후 그 지역의 풍황자료, 자연조건 및 사회조건을 조사해 설치후보지점을 선정하고 도입할 풍차의 규모를 대략적으로 산정한다.

[해설]

유망지역을 추출할 때에는, 나우파스(NOWPHAS)의 데이터 및 기상청 등의 풍황자료를 활용해 설치후보지점을 선정한다.

자연조건에 대해서는 설치후보지점에서의 파랑조건, 지반조건, 수심 등의 조사 외에 지형조건이 풍황에 큰 영향을 주기도 하므로 연안지역의 주변지형과 건물에 대한 조사가 필요한 경우도 있다. 사회조건에 대해서는 법제도면에서의 입지 가능성을 검토하는 한편, 항로나 공항 등 주요시설의 입지에 따른 제약조건을 파악해둘 필요가 있다.

또한 설치수역 주변의 어업활동 등 수역이용에 대한 조정이 필요한 경우도 있다.

[참고]

풍력발전을 도입할 때 일반적인 입지조사에 관한 참고자료로 「풍력발전 도입 가이드북(신에너지·산업기술종합개발기구, 2000년)」이 있다. 이하는 「풍력발전 도입 가이드북」에서 발췌한 내용이다.

(1) 유망지역의 추출

유망지역의 추출에는 전국 풍황지도나 기상청 등의 풍황 데이터를 활용하며, 풍황지도에서는 연평균풍속이 5m/s 이상, 가능하면 6m/s 이상인 지역을 대상으로 하여 그 점유면적이 큰 지역 또는 풍속등급이 높은 지역이 밀집되어 있는 지역을 추출한다.

기상청 등의 풍황 데이터에서는 관측지점의 입지상황에 따라 다를 수 있겠으나, 연평균풍속 4m/s 이상은 필요하다.

(2) 풍황 데이터 수집

기상청 등 풍황을 관측하고 있는 기관을 통해 선정한 유망지역 근방의 풍황 데이터를 수집한다.

풍황 데이터는 풍력에너지 취득량의 월변화와 탁월(卓越)풍향을 알기 위해 적어도 월별 평균풍속과 연간 풍향출현율을 수집해야 한다. 최소 1년간의 데이터가 필요하며, 단기간의 관측이 가져오는 기상학적인 경향을 고려하기 위해서는 약 10년간의 데이터를 수집하는 것이 바람직하다.

(3) 자연조건의 조사

풍황은 지형조건에 따라 크게 변화하는 경우도 있으므로 대상지역의 지형과 장애물에 대한 조사가 필요하다. 또한 풍차의 운전에 지장을 줄 가능성이 있는 염해, 착설(着雪)·착빙(着氷), 낙뢰, 사진(砂塵, 흙먼지) 등의 기상조건 및 풍차건설에 관계하는 지반조건에 대한 조사도 필요하다.

(4) 사회조건의 조사

후보지역의 풍황은 입지의 가부를 결정하는 데 가장 중요한 조건이나, 풍황이 양호하더라도 후보지역에서의 각종 사회조건이 풍차의 건설을 제약하는 경우가 있으므로 사회조건에 관한 사전조사 역시 중요하다.

사회조건의 조사항목으로는 구획지정, 토지이용, 배전선, 도로, 소음, 전파장애, 경관, 생태계 등이 있다.

(5) 풍차의 도입규모 상정

후보지역에서 자연조건과 사회조건 등에 모두 부합되는 영역이 풍차의 설치가 가능한 공간이 된다.

여러 기(基)의 풍차를 설치할 경우 풍차의 배치는, 해당 지역의 탁월풍향을 고려해 결정할 필요가 있다. 이것은 풍차의 바람 아래에 형성되는 후류(wake) 영역에 설치하지 않기 위해서이며, 이 영역에 풍차를 설치할 경우에는 에너지의 취득량이 크게 감소한다. 후류 영역은 풍향과 직각방향으로 3D(D : 로터의 직경), 바람의 진행방향으로 약 10D 정도인 것이 실험과 실측으로 확인되고 있다. 구체적인 배치 예로 〈그림 2.1〉에 나타내는 풍차의 간격을 표준으로 해도 좋다.

그리고 한 기를 설치할 경우에는 풍차의 설치가 가능한 공간 중에서 풍황이 가장 좋은 지점을 선정하면 된다.

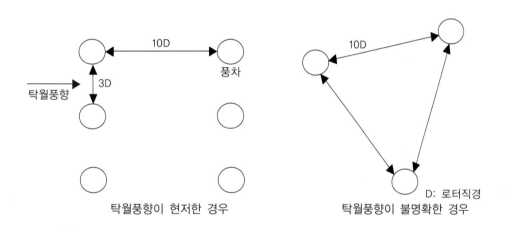

그림 2.1 풍차의 배치방법(여러 기(基)를 설치할 경우)
출처 : 제17회 풍력에너지이용 심포지엄 자료
(일본풍력에너지협회·일본과학기술진흥회, 1995년)

03 환경영향평가

풍차를 설치할 때에는 소음, 전파장애, 경관, 생태계 등 환경영향에 대한 평가를 실시해야 한다.

[해설]

(1) 소음의 영향

풍차의 설치에 따른 영향을 파악하기 위해 대상지역의 현 소음수준을 측정·평가하고, 설치 후의 소음 수준을 예측하여 평가한다. 풍차의 설치지점과 민가(民家) 간의 거리를 충분히 두는 등 소음대책에 대해 검토할 필요가 있으며, 〈표 3.1〉의 「소음에 관한 환경기준(1998년 환경청고시 제64호)」에 기초해서 평가한다.

표 3.1 소음에 관한 환경기준

지역의 유형	기준치(基準値)		지역 내용
	주간(6:00~22:00)	야간(22:00~6:00)	
AA	50데시벨 이하	40데시벨 이하	AA는 요양시설, 사회복지시설 등이 집합해서 설치되는 지역 (특히 정온(靜穩)을 요한다)
A 및 B	55데시벨 이하	45데시벨 이하	A는 오로지 주거용으로 제공되는 지역 B는 주로 주거용으로 제공되는 지역
C	60데시벨 이하	50데시벨 이하	C는 상당수의 주거와 아울러 상업, 공업용으로 제공되는 지역

(2) 전파장애

풍차의 타워 등은 금속제이기 때문에 전파장애를 일으킬 우려가 있다. 대상이 되는 주(主) 전파로는 방송국, 전화국, 군부대, 해상보안청, 어업무선기지 등이 있다. 계획단계에서 전파 루트 등을 조사해 반사영역과 차폐영역에 거주지역이 포함되지 않도록 풍차의 설치장소를 선정하고 장애가 발생할 경우의 대책에 대해 검토할 필요가 있다.

(3) 경관에 대한 영향

항만·연안지역에는 인공구조물이 많기 때문에 풍차의 설치가 쉽게 받아들여지고, 또 1~2 기의 소수 풍차라면 랜드마크(landmark)의 성격을 띨 가능성도 높다고 생각된다. 그러나 설 치할 때 경관에 미칠 영향이 우려될 경우에는 지역의 경관과 조화를 이룰 수 있도록 검토하 는 것이 바람직하다.

(4) 생태계에 미치는 영향

풍차를 설치·건설할 때에는 동식물과 어패류에 미치는 영향에 대해 검토해야 한다. 풍차의 설치가 생물에 미치는 영향은 크지 않으나, 계획단계 초기에 생물환경을 조사해 보호해야 하는 동식물과 어패류의 서식 여부를 파악한 후, 풍차의 설치에 따른 영향을 검토하는 것이 바람직하다.

덴마크에서는 해상풍력의 기초구조물이 어초(魚礁)의 기능을 하고 있는 사례도 보고되고 있어 풍차 기초부의 어초로서의 효과에 대해 검토·평가하면 풍차설치에 플러스 요소가 될 수 있다.

[참고]

풍력발전을 도입할 때 일반적인 환경영향평가에 관한 참고자료로 「풍력개발에 대한 환경영 향평가수법조사(신에너지·산업기술종합개발기구, 1999년)」 및 「NEDO의 풍력발전 도입 가 이드북」이 있다. 이하는 「NEDO의 풍력발전 도입 가이드북」에서 발췌한 내용이다. 보다 상 세한 사항은 「NEDO의 풍력발전 도입 가이드북」을 참조하기 바란다.

(1) 소음

일본에서는 풍차에 의한 소음의 기준치가 정해져 있지 않기 때문에 「소음에 관한 환경기준에 대해(1998년 환경청고시 제64호)」를 풍차소음평가의 기준으로 준용(準用)하는 것이 타당하다고 생각되며, 풍차 배치 후 소음수준에 대한 예측결과가 환경기준을 만족하고 있는지에 대해 평가한다.

(2) 전파장애

풍차의 설치로 생길 가능성이 있는 전파장애 중 가장 일반적이고 생활환경상 문제가 되는 것은 TV의 전파장애이다. 이에 대한 조사 및 예측은 일반적으로 (사)일본CATV기술협회의 조사업무를 실시하고 있는 회원사가 NHK의 지도·승인 하에 실시하고 있으며, 〈표 3.2〉의 화상(畵像) 평가기준에 따라 평가한다. 또한 다른 전파장애가 생길 가능성이 있는 시설이 주변에 존재할 경우에는 우정성(郵政省) 전기통신관리국에 문의하는 등 별도의 검토가 필요하다.

표 3.2 화상 평가기준

5단계 평가기준	현지조사 평가기준	화상상황	
5	A	방해 없다.	매우 양호
4		방해가 있으나 신경 쓰이지 않는다.	
3+	B	방해가 있으나 방해가 되지 않는다.	양호
3	C	방해가 있고 신경이 쓰인다.	대체로 양호
3-	D	방해가 있고 방해가 된다.	불량
2	E	방해가 심하고 화면이 잘 보이지 않는다.	매우 불량
1		수신불능	

(3) 경관

(a) 조사항목

대상지역 주요 조망지점에서의 조망범위를 대상으로 다음의 항목을 조사한다.

- 풍차의 유무에 따른 경관의 차이
- 풍차의 규모, 형태, 색채 등의 변화에 따른 경관의 차이

(b) 조사방법

조사방법으로는 스케치, 합성사진, CG 애니메이션 등에 의한 방법이 있으며, 대상지역의 경관과 사회·환경조건을 고려해서 적절한 방법을 선택한다.

(c) 평가방법

　평가에 관해서는 사람마다 감각이 다르기 때문에 많은 사람의 의견을 참고하는 것이 객관적인 결과를 얻을 수 있어 바람직하다.

(4) 생태계

　풍차시설이 동식물에게 미치는 악영향은 거의 없는 것으로 인식되고 있으나, 보호해야 하는 동식물의 서식 여부를 조사해 그 영향을 평가하는 것이 바람직하다. 또한 철새의 이동경로와 중계지점과의 관계에 대해서도 검토하는 것이 바람직하다.

04 풍황의 정밀조사

풍력발전을 도입할 때에는 풍차설치 후보지점의 설계 풍황을 파악하고, 도입 가능성의 평가 및 최적의 풍차설치지점을 선정하기 위해 풍황에 대한 정밀조사의 실시를 기본으로 한다.

[해설]

풍황을 관측하고 그 데이터를 해석·평가하는 것을 풍황의 정밀조사라 한다. 이 풍황 정밀조사의 결과로부터 도입 가능성을 평가하고 최적의 풍차설치지점을 선정하기 때문에 풍황 정밀조사는 중요한 프로세스이다. 그러므로 풍황 정밀조사의 실시를 기본으로 한다.

해상에서 풍황을 관측할 경우에는 일반적으로 풍황을 관측하기 위한 기기의 기초를 만들 필요가 있기 때문에 풍황의 관측비용이 육상에 비해 상당히 높아진다. 따라서 근처에 방파제, 암초나 기존의 관측대가 있을 경우에는 그것들을 이용해 비용을 저감할 수 있다. 또한 적절한 풍황 시뮬레이션이 가능하다면, 관측기기의 설치가 용이한 곳에서 풍황을 관측하고 그 값으로부터 현지의 풍황을 추정할 수도 있다.

[참고]

(1) 관측방법

풍황의 정밀조사에 관한 참고자료로는 「NEDO의 풍력발전 도입 가이드북」, 「풍황의 정밀조사(風況精査) 매뉴얼(신에너지·산업기술종합개발기구, 1997년)」이 있다. 이하는 관측기간, 관측고도, 관측항목에 대해 「NEDO의 풍력발전 도입 가이드북」에서 발췌한 내용이다. 상세한 사항은 상기의 서적을 참고하기 바란다.

① 관측기간

관측기간은 계절의 변동을 고려하기 위해 최저 1년으로 한다.

후보지점 근처에 충분히 신뢰할 수 있는 관측자료가 있을 경우에는 이것과의 상관관계로부터 연간 데이터를 추정할 수 있기 때문에 관측기간을 짧게 할 수 있다. 그 경우에도 최소 3개월 정도의 기간은 필요하며 이상적으로는 비교적 풍황이 양호하고 모든 풍황이 출현하는 시기의 데이터가 바람직하다.

② 관측고도

관측고도는, 풍차의 허브높이가 이상적으로 바람직하나 기종에 따라 높이가 다르고 또 고도가 높아지면 비용이 증가하기 때문에 기본적으로는 지상고(地上高) 20m~30m로 한다. 또한 주변에 장애물이 있을 경우에는 가이드북에 기재된 방법으로 장애물을 피한다. 또한 풍속의 연직분포를 파악하기 위해 관측고도의 범위 내에서 복층(複層)관측(예를 들어, 지상고 10m 및 20m 또는 20~30m)을 실시하는 것이 바람직하다.

③ 관측항목

관측항목은 다음과 같다.
  · 평균풍속
  · 평균풍향
  · 최대순간풍속
  · 풍속의 표준편차

관측데이터의 샘플링 시간은 1~3초로 하고, 평균화시간은 원칙적으로 10분간으로 한다.

(2) 관측자료의 해석·평가

이하는 관측데이터의 해석·평가에 대해 「풍력발전 도입 가이드북」에서 발췌한 내용이다.

a) 데이터의 해석

풍력발전의 도입 가능성 평가 및 풍차설치지점의 선정을 위한 데이터의 해석내용으로는 풍황에 관한 것과 에너지에 관한 것이 있다. 〈표 4.1.1〉에 최소 필요한 해석내용을 나타낸다.

해석에 사용되는 풍향풍속 데이터는 10분 평균치에 기초하는 1시간 평균치(벡터평균으로 산출)를 기본 데이터로 한다.

표 4.1.1 해석내용

	항목	기간	목적
풍향	평균풍속	연월	풍속의 개요를 평가한다.
	풍속출현율	연간	풍속의 출현율(빈도분포)에서 풍속의 출현특성을 평가한다.
	풍향출현율	연간	풍향이 탁월한 상황을 밝힌다.
	풍향별 평균풍속	연간	집합형 풍차의 배열을 검토하기 위해 주 풍향을 밝힌다.
	풍향별 풍속출현율	연간	집합형 풍차의 배열을 검토하기 위해 주 풍향을 밝힌다.
	풍속의 시간적 변동	일간 연간	풍차의 운전계획을 검토하기 위해 풍속의 시간적인 변동특성을 평가한다.
	난류 강도	연간	풍속의 순간적인 변동특성과 풍속변동이 큰 풍향을 밝힌다.
	풍속의 연직분포	연간	어느 고도의 풍속을 예측하기 위한 멱지수(冪指數)를 산출해 풍속의 연직분포를 밝힌다.
에너지	풍차의 가동률	연간	풍차의 가동상황을 평가한다.
	에너지 취득량	연간 월별	풍차로 얻을 수 있는 풍력에너지의 양을 평가한다.
	풍차의 설비 이용률	연간 월별	풍력발전의 도입 가능성을 평가한다.

b) 평가

풍황관측 데이터의 해석결과에 기초해 후보지점의 풍력발전 도입 가능성을 평가한다. 주요 평가기준은 이하와 같다.

1) 풍황에 관한 평가

풍차의 에너지 취득량 관점에서 풍력발전에 적합한 풍황은 평균풍속이 빠르고 풍향이 안정적이며 난류강도가 작은 것이다.

① 평균풍속

지상고 30m에서의 연평균풍속은 6m/s 이상이 바람직하다.

② 풍향출현율

풍축(風軸) 상의 연간풍향출현율이 60% 이상이면 풍향은 안정적이라고 평가할 수 있다. 여기서 풍축이란 16방위의 풍향을 대상으로, 주 풍향과 그 옆에 있는 2풍향 및 이들의 풍향과 대칭이 되는 풍향의 합계 6방위를 말한다.

2) 에너지에 관한 평가
　① 풍차의 가동률
　　연간 가동률은 45% 이상이 바람직하다.
　② 풍차의 설비이용률
　　연간 설비이용률은 17% 이상이 바람직하다.

05 발전전력량의 예측

풍력발전을 도입할 때에는 후보지점의 가능성을 평가하기 위해 적절한 방법으로 발전전력량을 예측한다.

[해설]

후보지점에서의 풍력발전 도입 가능성을 평가하기 위해 예상발전전력량을 산정한다.

산정방법에는, 풍속분포를 레일레이(Rayleigh) 분포라 가정하고 평균풍속에서 구하는 방법, 와이블(Weibull) 분포를 이용하는 방법, 관측데이터에서 직접 구하는 방법 등이 있다. 여러 기(基)를 설치할 경우는, 풍차의 바람 아래(風下)에 생기는 풍황 후류(wake) 영역의 영향을 고려해야 할 경우도 있다.

해상해안지역에서는 후보지점에서의 풍황관측이 어렵기 때문에 근처의 풍황으로 추정해야 하는 경우도 상정된다. 이러한 경우는 적절한 시뮬레이션을 실시할 필요가 있다. 또한 해상해안지역은 풍속 높이를 보정할 때의 멱지수가 육상과 다르기 때문에 주의를 요한다.

[참고]

여기서는 풍속분포를 레일레이(Rayleigh) 분포라 가정하고 평균풍속에서 구하는 방법으로 발전전력량을 산출한 예를 나타낸다. 와이블 분포를 이용해 구하는 방법이나 관측 데이터에서 직접 구하는 방법은 풍속출현시간의 산정방법으로서 와이블 분포나 풍속등급별로 산출한 데이터를 사용하나, 기본적인 발전전력량의 산정 순서는 동일하다. 이번에 사용하고 있는 성능 곡선은 공기밀도 1.225kg/m^3, 난류강도 10%의 조건으로, 만일 조건이 다르다면 유의할 필요가 있다.

(1) 풍차의 설정

여기서는 다음의 기종을 예로 들어 검토한다.

기 종	타워 높이	로터 직경
1650kW급	60m	66m

(2) 평균풍속의 높이 보정

지상고(h_0=20m)에서의 평균풍속(V_0=6.0m/s)을 멱법칙(冪法則, power law)에 따라 풍차 타워높이(h=60m)에서의 평균풍속 V로 보정한다. 멱법칙과 보정계산은 다음과 같다.

$$V = V_0 \times \left(\frac{h}{h_0} \right)^{\frac{1}{n}}$$

V : 해당 높이에서의 평균풍속

V_0 : 기준 높이의 평균풍속

h : 해당 높이

h_0 : 기준 높이

n : 지수법칙의 멱지수

(표 5.1.1 참고)

표 5.1.1 멱법칙의 지수 n 값

지표상태	n
평탄한 지형의 초원	7~10
해안지방	7~10
전원	4~6
시가지	2~4

여기서 n=7로 보정하면 아래와 같이 된다.

$$V = V_0 \times \left(\frac{h}{h_0} \right)^{\frac{1}{n}} = 6 \times \left(\frac{60}{20} \right)^{\frac{1}{7}} = 7.02 m/s$$

멱지수는 실측 데이터에서 구하면 정도(精度)가 높아진다. 다양한 지표면 조도(粗度)에 대한 멱지수의 관측결과를 정리한 것은 「건축물하중설계지침·동(同)해설」에 기재되어 있으므로 참고하기 바란다.

(3) 발전전력량의 산정

풍차의 성능곡선에 기초해 상정한 풍차의 발생전력량을 산정한다. 여기서는 1650kW 급의 성능곡선(power curve)을 예로 산정한다. 성능곡선을 〈그림 5.1.1〉에, 풍속별 출력(P(V))을 〈표 5.1.2〉 연간발전전력량 산정표의 출력 항에 나타낸다.

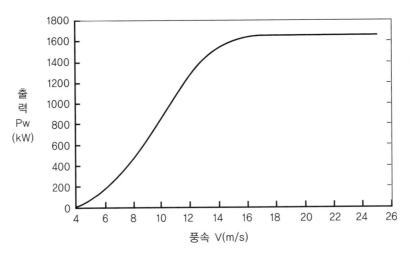

그림 5.1.1 성능곡선의 예(1650kW급)

① 풍속 출현율

발전가능량을 산정할 때에는 평균풍속에 대해 Rayleigh 분포를 가정해 풍속의 출현율을 산정한다. 풍속의 등급별 연간 출현율은 다음 식으로 산정된다.

$$F(V) = \frac{\pi}{2} \frac{V}{\overline{V}^2} \exp\left\{-\frac{\pi}{4}\left(\frac{V}{\overline{V}}\right)^2\right\}$$

여기서 F(V) : 풍속 V의 출현율

  $\overline{V}$: 해당 고도에서의 연평균 풍속(m/s)

  V : 풍속(m/s)

$\overline{V}$(연평균풍속)=7.02m/s일 때, V(풍속)=8m/s의 출현율은 아래와 같이 계산된다.

$$F(8) = \frac{\pi}{2} \frac{8}{7.02^2} \exp\left\{-\frac{\pi}{4}\left(\frac{8}{7.02}\right)^2\right\} = 0.0920$$

풍속 8m/s의 연간출현시간은 아래와 같이 된다.

$$F(8) \times 8760시간 = 0.0920 \times 8760시간 = 805.92시간$$

② 발전전력량

발전전력량은 풍력발전시스템의 출력곡선과 설치지점인 풍차타워 높이에서의 풍속출현율 분포를 사용해 아래의 식으로 구할 수 있다.

$$P_w = \Sigma(P(V) \times F(V) \times 8760)$$

여기서, P_w : 연간 발전전력량 (kWh)

     $P(V)$: 풍속 V의 발생전력(kW)

     $F(V)$: 풍속 V의 출현율

1650kW급에서 풍속 8m/s의 발전전력량은 다음과 같다.

$$Pw = P(8) \times F(8) \times 8760 = 448 \times 0.092 \times 8760 = 361,052 \ (kWh)$$

이상과 같이 컷인(cut-in) 풍속에서 컷아웃(cut-out) 풍속까지 각 풍속별로 산출한 발생전력량의 총합이 연간 발생전력량이 된다. 〈표 5.1.2〉에 산정한 예를 나타내었다.

표 5.1.2 연간 발전전력량의 산정 예(1650kW급)

| 허브높이에서의 평균풍속 | 7.02 | m | | 연간발전량 | 3,729,630 | kWh |

풍속	풍속범위 (m/s)	풍속 출현율	연간 출현시간(h)	출력(kW)	발전량 (kWh)	비고
1	0.5~1.5	0.0314	275.06	0	0	
2	1.5~2.5	0.0598	523.85	0	0	
3	2.5~3.5	0.0828	725.33	0	0	
4	3.5~4.5	0.0988	865.49	13.5	11,684	
5	4.5~5.5	0.1070	937.32	81	75,923	
6	5.5~6.5	0.1078	944.33	169	159,591	
7	6.5~7.5	0.1022	895.27	289	258,734	
8	7.5~8.5	0.0920	805.92	448	361,052	
9	8.5~9.5	0.0789	691.16	644	445,110	

| 허브높이에서의 평균풍속 | 7.02 | m | | 연간발전량 | 3,729,630 | kWh |

풍속	풍속범위 (m/s)	풍속 출현율	연간 출현시간(h)	출력(kW)	발전량 (kWh)	비고
10	9.5~10.5	0.0648	567.65	858	487,042	
11	10.5~11.5	0.0510	446.76	1069	477,586	
12	11.5~12.5	0.0385	337.26	1263	425,959	
13	12.5~13.5	0.0280	245.28	1431	350,996	
14	13.5~14.5	0.0196	171.70	1552	266,472	
15	14.5~15.5	0.0132	115.63	1617	186,977	
16	15.5~16.5	0.0086	75.34	1642	123,702	
17	16.5~17.5	0.0054	47.30	1649	78,004	
18	17.5~18.5	0.0033	28.91	1650	47,698	
19	18.5~19.5	0.0019	16.64	1650	27,463	
20	19.5~20.5	0.0011	9.64	1650	15,899	
21	20.5~21.5	0.0006	5.26	1650	8,672	
22	21.5~22.5	0.0003	2.63	1650	4,336	
23	22.5~23.5	0.0002	1.75	1650	2,891	
24	23.5~24.5	0.0001	0.88	1650	1,445	
25	24.5~25.5	0.0000	0.00	1650	0	
26	25.5~26.5	0.0000	0.00	0	0	
27	26.5~27.5	0.0000	0.00	0	0	
28	27.5~28.5	0.0000	0.00	0	0	
29	28.5~29.5	0.0000	0.00	0	0	
30	29.5~30.5	0.0000	0.00	0	0	
31	30.5~31.5	0.0000	0.00	0	0	
계		0.9973	8736.35		3,729,630	kWh
설비이용률					25.8	%

(4) 설비이용률

설비이용률은 시스템의 정격출력에 대한 이용률을 나타내는 것으로, 시스템 평가 지표의 하나로 사용되며, 아래의 식으로 구한다.

$$연간\ 설비이용률(\%) = \frac{연간발생전력량}{정격출력 \times 8760시간} \times 100$$

여기서는, 연간 발생전력량이 3,729,630kWh이므로 아래와 같이 된다.

$$연간\ 설비이용률(\%) = \frac{3,729,630}{1,650 \times 8,760} \times 100 = 25.8(\%)$$

06 풍차의 도입규모·기종 선정

풍차의 도입규모 및 기종은 자연조건, 사회조건, 경제성을 고려해 적절히 선정할 필요가 있다.

[해설]

해상해안지역에서 풍차의 도입규모와 기종을 선정할 때에는 육상에서의 검토항목 외에 풍차의 방식 대책과 어업에 미치는 영향 등 해상해안지역 특유의 항목도 고려할 필요가 있다.

[참고]

1. 풍차의 도입규모 설정

풍차의 도입규모를 설정할 때의 참고자료로 「풍력발전시스템 설계매뉴얼(신에너지·산업기술종합개발기구 1996년)」이 있다. 이하는 풍차의 도입규모 설정에 대해 「풍력발전시스템 설계 매뉴얼」에서 발췌한 내용이다. 상세한 사항은 상기의 서적을 참조하기 바란다.

(1) 조달 가능한 예산

신에너지·산업기술종합개발기구(NEDO)의 보조금, 각종 지원제도 등을 고려해 풍력발전설비 건설에 충당할 수 있는 개략적인 총사업비를 산정한다.

(2) 배전선 상황

설치예정지 근방의 배전선 상황(거리, 용량, 주요 부하 등)을 조사해 그 결과를 토대로 풍력발전설비의 총 출력규모별로 개략적인 전력공사비 부담금을 산출한다(전력회사에 의뢰).

(3) 총 출력규모

(1), (2)의 결과를 토대로 풍력발전의 총 출력규모를 상정한다.

(4) 입지조건

입지조건 이외의 항목 및 현지조사 결과에 따른 입지조건을 정리한다.

(5) 풍차의 규모

(3), (4)의 결과를 토대로 풍차의 규모와 기수(基數)를 상정한다.

(6) 개략적인 비용

(2), (4), (5)의 결과를 토대로 풍력발전설비 건설에 대한 개략적인 총 비용을 산출한다.

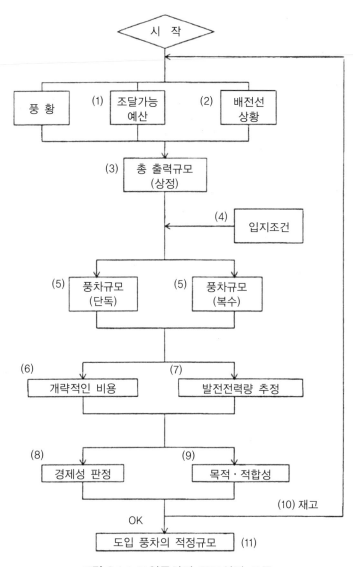

그림 6.1.1 도입풍차의 규모설정 흐름

(7) 발전전력량의 추정

풍황(風況) 및 (4), (5)의 결과에 기초해 발전전력량을 추정한다.

(8) 경제성 판정

(6), (7)의 결과와 그 외의 조건(금리, 내용연수, 운용비용 등)에서 발전단가를 산출해 평가
한다.

(9) 목적·적합성

신기종(新機種)과 실증기(實証機)의 도입, 지역특성에 적합한 기종의 도입 등에 대해 검토한다.

(10) 재고(再考)

이상의 검토결과에 기초해 조달 가능한 예산의 변경이 있을 수 있는 경우에 대해서는 같은 순서를 반복한다.

(11) 도입할 풍차의 적정한 규모

설치 예정지점에 도입할 풍차의 적정한 규모와 기수를 설정한다.

2. 풍차의 기종 선정

풍차의 기종은 다음의 항목을 검토해 선정하는 것이 바람직하다.
· 풍차설비비와 전기공사비 등의 건설비
· 후보지점에서의 풍차 발전능력
· 보수·관리비 등의 유지비
· 해당 풍차의 발생전력 품질
· 유지·보수체제
· 소음 등이 환경에 미치는 영향
· 국내외에서의 실적

07 경제성 검토

풍력발전을 도입할 때에는 후보 지점에서의 가능성을 평가하기 위해 적절한 방법으로 경제성을 예측한다.

[해설]

(1) 풍력발전의 경제성은 보통 발전비용으로 평가된다. 전력판매를 목적으로 하는 경우 발전비용과 전력회사의 전력매입가격의 차이가 이익이 된다. 자가(自家)사용을 목적으로 하는 경우 발전비용과 현재 지불하는 전력요금의 차이가 비용절감액이 된다.

(2) 해상에 풍차를 설치할 경우는 일반적으로 건설비용이 높아지나 풍황이 좋기 때문에 연간 발전량이 많아진다고 상정된다.

(3) 풍력발전의 도입에 관해서는 각종 지원제도가 있다. 지원제도를 적용할 경우에는 경제성 검토에서 지원금을 고려한다.

(4) 풍력은 친환경적인 에너지원이라고 하나 유럽과 미국에서 풍력을 대규모로 도입하는 근거는 확실히 경제성에 있다. 1999년 시점에서 최신예 600kW급 대형기를 연평균풍속 7m/s인 지점에 설치하면 연간발전량 185만kWh를 얻을 수 있는데, 같은 발전량을 석탄화력발전으로 얻을 때에는 환경에 부하를 주는 CO_2 1,572톤, SO_2 5.3톤, NO_x 4.8톤 그리고 슬래그(slag)와 재(灰) 102톤이 발생된다. 즉, 풍력발전의 도입으로 환경오염을 크게 방지할 수 있다. 이와 같이 신재생에너지와 화력 등 기존 발전과의 비용비교에서는 '환경비용'의 관점이 매우 중요해진다. 현재 CO_2 배출권의 국제 거래시장 창설과 환경세, 탄소세에 대해 논의가 이루어지고 있다. 이들 환경대책의 시책이 국내에 도입되면 구체적인

'환경비용'을 산정할 수 있게 될 것이다.

[참고]

건설비용과 발전비용의 산정에 관한 참고자료로 NEDO의 「풍력발전 도입 가이드북, 풍력발전시스템 설계 매뉴얼, 풍력발전시스템 도입추진검토 안내(재단법인 신에너지 재단 2001년)」가 있다. 여기서는 「풍력발전 도입 가이드북」을 참조해 계산한 예를 기재한다. 상세한 사항은 상기의 서적을 참조하기 바란다.

(1) 발전비용의 산출 예

일반적으로 발전비용은 연간 경상비를 연간 발전전력량으로 나눈 것으로 산출된다. 연간 경상비는 고정비와 운전보수비 등의 변동비로 이루어지며, 고정비의 산출방법에는 자본회수법에 의한 것과 감가상각비, 평균금리 등의 합으로 구하는 방법이 있다. 여기서는 자본회수법에 의한 산출방법으로 검토한 예에 대해 나타낸다.

자본회수법에서 고정비는, 건설비용과 연간 경비율의 곱으로 표현되며 발전비용은 다음 식으로 계산된다(세금은 고려하고 있지 않다). 고정자산세를 고려하면 대략 1엔/kWh 정도 상승할 가능성이 있다.

발전비용(엔/kWh) = (연간 경비+운전보수비)/연간 발전량

연간 경비 = 건설비용×연간 경비율(D)

$$D = r / \{1 - (1 + r)^{-n}\}$$

  r : 금리
  n : 내용연수(耐用年數)

또한 건설비용(풍력발전시스템의 건설에 필요한 비용)은 풍차본체, 전기설비, 토목공사(정지(整地), 기초, 가설도로 등), 풍차 설치공사, 전기공사 비용 등으로 구성된다. 연계하는 계통의 상황에 따라서는 별도로 전력회사의 공사비부담금이 필요할 수 있다.

여기서는 다음과 같이 설정한다.
풍차기종 : 1,650kW급

연간 발전량 : 3,729,630kWh/년 (제5장의 '계산 예' 참조)

건설비용 : 1650kW × 25만엔/kW ≒ 4억 1천만엔

(여기서는 건설비용을 25만엔/kW로 가정하고 있으며 보조제도는 고려하고 있지 않다)

연간 보수운전비 : 400만엔/년

금리 : r = 3%

내용연수 : n = 20년

상기의 조건으로 계산하면 다음과 같이 된다.

$$D = r / \{1 - (1 + r)^{-n}\} = 0.03 / \{1 - (1 + 0.03)^{-20}\} = 0.067$$

연간 경비 = 건설비용×연간 경비율(D)

$$= 410,000,000엔×0.067 = 27,470,000엔$$

발전비용(엔/kWh) = (연간 경비＋운전보수비)/연간 발전량

$$= (27,470,000엔＋4,000,000엔)/3,729,630kWh = 8.4엔/kWh$$

(2) 풍력발전의 도입에 관한 지원제도

2001년 4월 현재를 기준으로 풍력발전의 도입에 관한 지원제도를 〈표 7.1.1〉에 나타낸다. 일본은 설비에 대한 지원은 있으나 풍력선진국인 독일, 덴마크에서 시행되고 있는 발전전력 가격의 보상제도나 전력매입 의무제도는 없다.

표 7.1.1 풍력발전의 도입에 관한 지원제도 일람(一覽)

	제도 명칭	보조금 교부처	지원 내용	실시 기관 창구
보조금	① 지역 신에너지 비전 책정 등의 사업	지방공공단체, 민간단체 등	정액보조(100%)	NEDO
	② 풍력발전 필드 테스트 (field test) 사업	지방공공단체, 민간기업 등	풍황의 정밀조사, 정액보조(100%) 시스템 설계비 1/2[*1] 풍차설치 1/2[*1] 운전연구 1/2[*1]	NEDO

(표 계속)

제도 명칭	보조금 교부처	지원 내용	실시 기관 창구
③ 신에너지 사업자지원 대책 사업	신에너지법의 인정을 받은 사업자	규모(시스템 출력)1500kW 이상 설비비용 등 1/3 이내 채무보증 -채무보증화 보증기금의 15배 -보증한도 대상채무 90% -보증요율 연 0.2%	NEDO
④ 지역 신에너지 도입 촉진사업	지방공공단체	규모(시스템 출력)1500kW 이상[*2] 보급(도입)촉진 1/2 이내 보급계발(촉진), 정액(한도 2천만엔)	NEDO
⑤ 신에너지 지역활동 지원 사업	특정 비영리활동법인(NPO) 공익법인, 영리를 목적으로 하지 않는 민간단체 등	설비도입비 및 계발사업비 1/2 이내 크린 에너지 자동차를 도입할 경우 보통 차량과의 가격차 1/2을 상한(上限)	NEDO
⑥ 신에너지 도입 자문 제도	지방공공단체, 민간기업 등	정보제공·지도, NEDO에 의한 보조 보급계발 등 100%	NEDO
⑦ 에너지 수급구조 고도화 홍보사업 (고정적인 전시사업)	지방공공단체 등	모형작성비 정액	각 경제 사업국
⑧ 지역에너지 개발이용 발전사업 보급촉진 이사 보급제도	토지공공단체, 민간단체	4억엔 이하 이자율 보급률 3%	NEF
⑨ 대체에너지 도입 촉진 관련 융자	기업 등	융자비율 공사의 40% 특별금리 4.0%	일본 정책 투자은행
⑩ 에너지 수급구조 개혁 투자촉진 세제 (법인세, 소득세 특례)	개인 또는 법인	7% 상당액의 세액공제	세무서
⑪ Local 에너지세제 (고정자산세의 과세표준 특례)	개인 또는 법인	과세표준액을 5/6로 한다.	시정촌

(왼쪽 세로 항목: 보조금 / 금융 / 세제우대)

주) *1 공모는 2001년에 종료
　　*2 표준세제규모가 50억엔 미만인 지방공공단체의 경우, 규모에 0.8을 곱한 값으로 한다.

(3) 환경비용의 시산(試算) 예

　현재 일본에서는 CO_2 배출권의 국제 거래와 환경세, 탄소세 제도가 실시되고 있지 않기 때문에 여기서는 해외 CO_2 배출권 거래의 실례(實例)를 참고해 환경비용의 하나인 이산화탄소 배출억제 비용의 시산(試算) 예를 나타낸다. 해외의 CO_2 배출권 거래 실례 및 탄소세의 예를 아래에 나타낸다.

그리고 환경비용은 ① 대책을 강구하지 않고 방치했을 경우의 피해액, ② 피해를 없애기 위한 대책비용 모두 생각할 수 있는데 현재로서는 이를 구체적인 수치로 표현하기 어렵다. 예를 들어 지구온난화의 문제를 생각해도 기온분포·강수분포·해수면 높이의 변화에 따라 생기는 침수피해, 농업피해 등의 방지가 필요하며, 막대한 대책 비용이 상정되나 구체적인 수치로 표기하기는 어렵다.

CO_2 배출권의 거래 실례	지금까지 CO_2 60만톤 상당을 거래. 거래가격은 1톤당 6~20달러이며 평균 10달러 정도이다.
해외 탄소세의 예	스웨덴이 가장 높으며 15,300/t-c엔

① 이산화탄소의 배출 감소량

여기서는 (재)신에너지재단이 「풍력발전시스템 도입추진검토 안내(2000년판)」에서 시산한 값을 사용한다. 1999년 시점에서 최신예인 600kW급 대형기를 연평균풍속 7m/s의 지점에 설치하면 연간 발전량 185만kWh를 얻을 수 있는데 같은 발전량을 석탄화력발전으로 얻을 때에는 환경에 부하를 주는 CO_2 1,572톤이 발생한다. 이 CO_2 1,572톤을 이산화탄소 배출감소량으로서 시산한다.

② 이산화탄소의 배출억제단가

여기서는 CO_2 배출권 거래 실례의 평균치인 CO_2 1톤당 10달러(1달러=128엔 환율로 환산하면 1,280엔)를 이산화탄소의 배출억제단가로서 계산한다.

③ 이산화탄소의 배출억제비용

여기서는, 이산화탄소의 배출억제비용을 다음 식으로 계산한다.

$$이산화탄소의 \ 배출억제비용 = CO_2 \ 감소량 \times 배출억제단가$$
$$= 1572톤 \times 1280엔/톤$$
$$= 2,012,160엔$$

이상으로부터, 풍력발전기가 연간 185만kWh를 발전했다고 하면 이산화탄소의 배출억제비용은 연간 약 201만엔이 된다. 그리고 연간 발전량이 3,729,630kWh라고 하면, 이산화탄소의 배출억제비용은 약 405만엔이 된다. 현재 상황으로는 발전비용의 산정에 이 금액을 사용할 수는 없으나 만약 적용한다면 발전비용을 저감할 수 있다.

08 법규제

8.1 법규제

> 풍력발전을 도입할 때에는 각종 관련법규 및 기준에 준거한다.

[해설]

항만·연안지역에 풍력발전시설을 설치할 경우, 육상설치에서의 법규제 외에 항만법, 해안법 등의 관련법규에 준거할 필요가 있다. 특히 이하의 항목에 대해서는 풍차의 건설 그 자체가 제한될 가능성이 있기 때문에 입지를 검토할 때에는 충분한 조사가 필요하다.

또한 풍차를 설치하기 위해서는 일반적으로 전기사업법 외에 전기에 관계된 주 법령과 건축 기준법, 도시계획법 등 여러 가지 법규제를 확인하고 수속을 밟을 필요가 있다. 그 개요에 대해서는 「NEDO의 풍력발전 도입 가이드북」을 참조하기 바란다.

(1) 임항구역(臨港區域)에서의 제한규정(항만법 제40조)

항만관리자가 지정하는 분구(分區)마다 그 목적을 현저히 저해하는 건축물, 구조물의 건설이 제한되어 있다.

표 8.1.1 분구의 종류와 목적

분구명(分區名)	목 적
무역항	여객 및 일반 화물 취급
특수물자항	석탄, 광석 등 대량의 산적(散積)을 통례로 하는 물자 취급
공업항	공장 및 공업용시설의 설치
철도연락항	철도와 철도연락선과의 연락
어항	수산물 취급 또는 어선의 출항준비
벙커(Bunker)항	선박용 연료의 저장 및 보급
보안항	폭발물 및 기타 위험물 취급
마리나항	스포츠, 레크리에이션용 요트, 모터보트 및 기타 선박의 편의 제공
수경후생항 (修景厚生港)	경관 정비 및 항만관계자 구성의 증진을 도모

(2) 비행장 고시(항공법 제28조 및 제40조)에 명시되어 있는 '진입표면, 전이표면 또는 수평표면' 내에서의 제한규정(항공법 제56조-4)

① 항공법 규정에 의거해 고시된 진입표면, 전이(轉移)표면, 수평표면 위로 나오는 높이의 건조물(建造物), 식물 및 기타 물건은 설치, 식재(植栽), 유치(留置)할 수 없다.

② 제1종 공항 및 정령(政令)으로 정하는 제2종 공항에서는 한층 더 연장진입표면, 원추표면 또는 외측수평표면 위로 나오는 높이의 구조물, 식물 및 기타 물건을 설치, 식재, 유치할 수 없다. 특히 외측수평표면은 활주로 중심으로부터 반경 25km의 원이 되기 때문에 주의가 필요하다.

(1) 비행장에서의 공역 제한표면

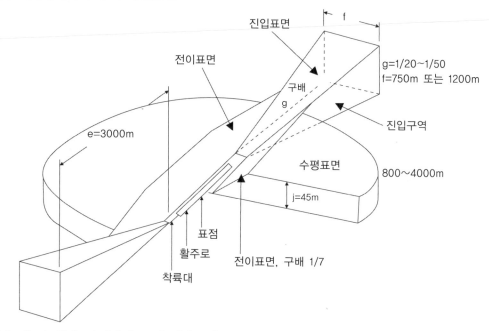

진입표면

전이표면

구배
g

e=3000m

f

g=1/20~1/50
f=750m 또는 1200m

진입구역

수평표면

800~4000m

j=45m

표점

활주로

전이표면, 구배 1/7

착륙대

(2) 제1종 공항 등에서의 공역 제한표면

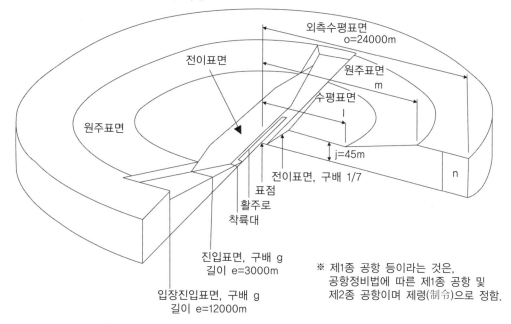

외측수평표면
o=24000m

전이표면

원주표면
m

수평표면
l

원주표면

j=45m

전이표면, 구배 1/7

표점

n

활주로

착륙대

진입표면, 구배 g
길이 e=3000m

입장진입표면, 구배 g
길이 e=12000m

※ 제1종 공항 등이라는 것은,
  공항정비법에 따른 제1종 공항 및
  제2종 공항이며 제령(制令)으로 정함.

(3) 평면도

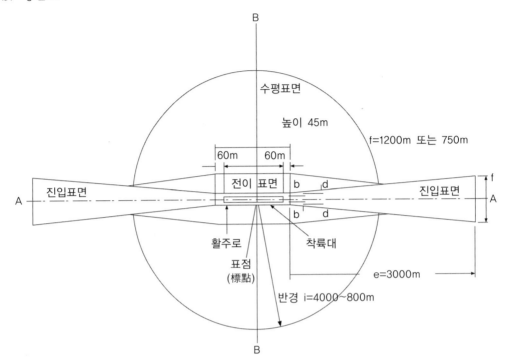

(4) 단면도

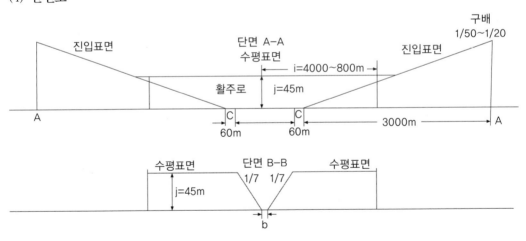

그림 8.1.1 비행장에서의 공역(空域) 제한표면

[참고]

　항만·연안지역에 풍력발전시설을 설치할 때의 관련법규 및 허가 등의 수속절차는 다음과 같다.

(1) 항만·연안지역에서의 설치에 관한 주요 법제도

항만·연안지역에 풍차를 설치할 경우 검토·확인을 요하는 주요 법제도와 그 내용을 이하에 나타낸다. 이들 각종 법률은 설치 자체의 '제한'을 규정하고 있는 것과 설치에 관한 '허가' 등 절차가 필요한 것으로 분류된다(제한규정에 대해서는 [해설]에 나타내었다).

표 8.1.2 주요 법제도 및 그 내용

	법률명	조	항	내 용
①	항만법	37		항만구역 내 공사 등의 허가
		38	2	임항지구 내에서의 행위 신고 등
		40		분구 내의 규제(건축물의 제한)
		56		항만구역의 규정이 없는 항만
②	해안법	7		해안보전구역의 점용
		8	2	해안보전구역에 있어서의 행위 제한
		37	4	일반 공공 해안구역의 점용
		37	5	일반 공공 해안구역에서의 행위 제한
③	항공법	49		물건의 (높이) 제한 등
		51		항공장애 등(60m 이상 높이의 물건)
		51	2	주간(晝間) 장애표지(60m 이상 높이의 물건)
		56	4	제한표면 이상 높이의 구축물 설치 제한
④	해상교통안전법	30		항로 및 그 주변 해역에서의 공사
		31		상기 이외 해역에서의 공사 등
⑤	항칙법(港則法)	31		공사 등의 허가 및 진수(進水) 등의 신고
⑥	항로표지법	9		공사 등의 제한
⑦	삼림법	34	2	보안림(保安林)에서의 제한
⑧	자연환경보전법	17		행위의 제한
		25		특별지구
		27		해중(海中) 특별지구
		28		보통지구
⑨	Seto(瀬戸)내해*환경보전 특별조치법	12	8	자연해변 보전지구 내에서의 행위 신고 등
⑩	국유재산법	18		국유 행정재산의 대부(貸付) 등
⑪	보조금 등에 관계되는 예산 집행의 적정화에 관한 법률	22		보조목적 외의 용도로 이용하는 경우 등

주) *Seto(瀬戸)내해 : 일본 혼슈(本州), 규슈(九州), 시코쿠(四國)에 둘러싸인 바다. 크고 작은 3,000여 개의 섬이 흩어져 있으며, 해상 교통의 중요한 교통로임

(2) 설치에 관한 허가 등의 절차

  (a) '항만구역', '항만인접지역'에서의 설치(항만법 제37조, 항만법 38조의 2항)

     항만, 항만인접지역에 설치할 경우는 항만법의 규정에 따라 항만관리자의 장(長)의 허가가 필요하다.

     ① 항만구역 내의 수역(그 상공 100m 및 수저(水底) 아래 60m의 구역을 포함) 또는 공공 공지(空地)의 점용(占用)

     ② 항만관리자의 장(長)이 지정하는 호안, 제방, 안벽, 잔교 또는 물양장의 수제선(水際線)으로부터 20m 이내 지역에서의 구조물 건설 또는 개축

  (b) 해안에서의 설치(해안법 제7조, 해안법 8조 2항)

     해안보전구역에 설치할 경우는 해안법의 규정에 따라 해안관리자(都道府縣知事)의 허가가 필요하다.

     ① 해안보전시설 이외의 시설 또는 공작물을 설치해 해안보전구역을 점유하는 경우(해안보전시설이란 해안보전구역 내에 있는 제방, 돌제(突堤), 호안, 이안제(離岸堤), 모래사장을 말한다)

     ② 수면 혹은 공공해안의 토지 이외의 토지에서 다른 시설 등을 신설 또는 개축하는 경우

     ③ 토지의 굴삭(掘削), 성토, 절토 및 기타 해안보전시설을 파손할 우려가 있다고 인정되어 해안관리자가 지정하는 경우

  (c) '일반 공공 해안구역'에서의 설치(해안법 제37조 4항, 5항)

     일반 공공 해안에 설치할 경우 해안법의 규정에 따라 해안관리자의 허가가 필요하다.

     ① 시설 또는 공작물을 설치해 일반 공공 해안구역을 점용하는 경우

     ② 토사를 채취하는 경우

     ③ 수면에 시설 또는 공작물을 신설하거나 개축하는 경우

     ④ 토지의 굴삭, 성토, 절토 및 기타 해안의 보전에 지장을 줄 우려가 있다고 인정되어 해안관리자가 지정하는 경우

(d) '보안림(保安林)'에서의 설치(삼림법 제34조 2항)

보안림에서 대나무를 벌채하거나, 나무를 손상하거나, 토지의 형질을 변경할 경우 삼림법에 따라 해안관리자의 허가가 필요하다.

(e) '자연환경보전지역'에서의 설치

ⅰ) '특별구' 내에 입지하는 경우

자연환경보전법에 따라 환경부 대신(環境大臣)의 허가가 필요하다.

① 건축물 및 기타 공작물을 신축, 개축 또는 증축하는 경우

② 택지조성, 토지개간 및 토지의 형질을 변경하는 경우

③ 해수면을 매립 또는 간척하는 경우

ⅱ) '해중특별지구(海中特別地區)'내에 입지하는 경우

자연환경보전법에 따라 환경부 대신(環境大臣)의 허가가 필요하다.

① 공작물을 신축, 개축 또는 증축하는 경우

② 해저의 형질을 변경하는 경우

③ 해수면을 매립 또는 간척하는 경우

④ 물건을 계류(係留)하는 경우

ⅲ) '보통지구' 내에 입지하는 경우

자연환경보전법에 따라 환경부 대신(環境大臣)의 허가가 필요하다.

① 그 규모가 아래의 기준을 초과하는 건축물과 기타 공작물을 신축, 개축, 증축하는 경우

ㅇ 해수면 이외의 구역

· 높이 10m 또는 바닥면적의 합계 $200m^2$를 초과하는 건축물

· 높이 30m 초과하는 철탑, 연돌(煙突), 전주(電柱), 기타 이와 유사한 것

· 길이 200m 또는 수평투영면적 $200m^2$를 초과하는 송수관, 가스관, 기타 이와 유사한 것

· 높이 10m 또는 수평투영면적 $200m^2$를 초과하는 기타 공작물

ㅇ 해수면 구역

· 수저노선(水底路線), 송수관, 가스관, 기타 이와 유사한 것으로 길이 100m 또는 수평투영면적 $100m^2$를 초과하는 것

・높이 5m 또는 수평투영면적 100m^{2}를 초과하는 기타 공작물

② 건축물 및 기타 공작물을 신축, 개축 또는 증축하는 경우
③ 택지조성, 토지개간, 기타 토지의 형질을 변경하는 경우
④ 수면 매립 또는 간척하는 경우

(f) 'Seto내해(瀬戸內海) : 자연해변 보전지구'에서의 설치(Seto내해 환경보전특별조치법 제 12조 8항)

Seto내해(瀬戸內海)의 자연해변 보전지구에 설치할 경우는 Seto내해 환경보전특별조치법의 규정에 따라 후켄(府縣)에서 정하는 조례에 따른 신고가 필요하다.
① 공작물의 신축
② 토지의 형질 변경 등

(g) 항로표지 등의 근처에 설치하는 경우(항로표지법 제9조)

항로표지의 육안확인장애에 대해서는 풍차의 배치 및 항공장애등(航空障礙燈) 등을 계획한 후 항로표지사무소와 협의한다. 육안확인장애 우려가 있을 경우는 항로표지법의 규정에 따라, 그 장애를 막기 위한 조치를 강구해야 한다.

(h) 풍차로터의 최고 도달점이 60m를 초과하는 경우(항공법 제51조, 제51조-2)

풍차로터의 최고 도달점이 60m를 초과할 경우는 항공법의 규정에 따라 항공장애등 및 주간(晝間)장애표지를 설치해야 한다. 단, 설치지점의 주변(2km 이내)에 풍차의 최고 도달점 이상의 높이를 보유한 것이 있을 경우에는 제외되는 경우도 있다.

(3) 해상공사를 실시하는 경우의 허가 등
(a) 항로 및 그 주변해역에서 공사를 실시하는 경우(해상교통안전법 제30조, 31조)

항로 및 그 주변해역에서 공사를 실시할 경우에는 해상교통안전법의 규정에 따라 해상보안청장관의 허가가 필요하다.
① 항로의 측방경계선으로부터 항로 외측 200m 이내의 해역에서 공사 또는 작업하고자 할 경우와 그 해역에 공작물을 설치하고자 할 경우

② 상기 이외의 해역에서 공사, 작업 또는 공작물을 설치할 경우에는 해상보안청장관에게 신고가 필요

(4) 재산상의 고려(국유재산의 사용수익)

  (a) 방파제 위에서의 설치

    방파제의 대부분은 국유재산이며, 항내의 정온유지, 항만하역의 원활화, 선박의 항행·정박의 안전 및 항내시설의 안전을 위해 설치되고 있는 것으로 그 용도와 목적을 방해하지 않는 범위 내에서 허가될 가능성이 있다. 풍력발전시설의 설치를 위한 지방자치단체 또는 민간 사업자의 사용수익은 사례별로 신중한 검토가 요구된다.

  (b) 국고보조를 받아 정비한 항만녹지에서의 설치

    국고보조를 받은 해변, 녹지 광장 등 이른바 항만녹지에서 항만관리자 이외의 지방자치단체 또는 민간사업자가 풍력발전시설을 설치해 사용할 경우, 그 시설은 항만관리자의 재산이므로 그 판단은 항만관리자가 한다. 또한 항만녹지의 용도·목적에 지장을 주지 않는지에 대해 검토할 필요가 있다.

  (c) 항만법, 해안법 등의 적용이 없는 일반해역에서의 설치

    일반해역에 대해서는 해안관리자가 지선수면(地先水面)을 관리하고 있으므로 허가를 받을 필요가 있다.

(5) 풍차설치에 관한 법제도

  〈표 8.1.3〉에 일반적인 검토·확인을 필요로 하는 법제도, 〈표 8.1.4〉에 항만·연안지역에 풍차설치를 계획할 경우 검토·확인을 필요로 하는 기타 법제도를 나타낸다.

표 8.1.3 일반적인 검토·확인을 필요로 하는 법제도

법률명	법률명
전기사업법	사방법(砂防法)
건축기준법	산사태 등의 방지법
도로법	자연환경보전법
도로교통법	문화재보호법
전파법	농지법
항공법	농업진흥지역의 정비에 관한 법률
소방법	국토이용법
소음규제법	도시계획법
진동규제법	자연공원법
삼림법	

표 8.1.4 항만·연안지역의 풍차설치에 관한 기타 법제도

법률명	법률명
환경영향평가법	하천법
조수(鳥獸)보호 및 수렵에 관한 법률	지방재정법
수산자원보호법	지방공영기업법
해양수산자원개발촉진법	신에너지 이용 등의 촉진에 관한 특별조치법
어업법	

8.2 관련 기관·단체와의 협의

> 풍력발전을 설치할 때에는 필요에 따라 관련 기관·단체와 협의할 필요가 있다.

[해설]

(1) 전력회사와의 사전협의·신청

기존의 전력계통과 연계할 때에는 전력회사와 사전에 협의할 필요가 있다. 협의조정은 「계통연계기술요건 가이드라인(자원에너지청 편)」에 의거해 진행한다. 또 발전전력의 판매와 관

련해서는 계통연계 신청을 할 때 전력판매신청서를 제출해야 한다.

(2) 어업관계자와의 사전협의 및 어업보상

풍력발전설비의 설치가 어업에 영향을 줄 것으로 예상되는 경우에는 설치수역 주변의 어업활동 등 수역이용의 조정이 필요한 경우가 있다. 어업보상에서는 어업관계자와 충분히 협의한 후 양자합의로 계약하는 것이 원칙이며, 보상기준은 「공공용지의 취득에 따른 손실보상요항(損失補償要項)」에 정해져 있다.

덴마크에서는 해상풍차 기초구조물의 어초효과(魚礁效果)에 대한 보고도 있으므로 보상을 협의할 때 어업에 대한 플러스 효과에 대해서도 충분히 설명하는 것이 바람직하다.

제3편 해상풍차기초의 설계

01 해상풍차기초 설계에서의 기본사항

1.1 기본사항

1.1.1 일반

> 본편에서는 해상풍력발전시설의 풍차기초 설계에서 풍력발전시설의 기능성과 안전성의 확보를 위해 고려해야 하는 기본사항을 소개한다.

[해설]

본편에서는 해상에 건설되는 풍력발전시설의 풍차기초 설계에 필요한 기본사항을 정리한다. 지금까지, 해상구조물의 설계기준이나 설계지침류는 국내외를 포함해 다양하게 제안되었으며 수많은 실적이 있다. 그러나 해상풍력발전시설과 같이 해중(海中)의 구조물에 높은 탑상(塔狀)의 구조물을 가지며, 파랑, 바람, 지진 등의 영향을 복잡하게 받는 해상구조물의 실적은 그 수가 적고, 또 국내에 해상풍력발전시설은 현존하고 있지 않은 것이 실상이다. 본편은 지금까지 제안된 설계기준과 설계지침에 의거한 해상풍차기초의 설계법을 토목 관점에서 계통적으로 정리하고 있다.

단, 설계할 때에 어느 매뉴얼 또는 지침을 사용할 것인지에 대해서는 구조물의 실정에 따라 사업자 및 설계자의 판단에 맡긴다.

1.1.2 적용범위

본편에서는 해상풍력발전시설을 위한 풍차기초의 설계에 적용한다.

[해설]

본편에서는 해상에 건설하는 풍력발전시설을 위한 풍차기초의 설계에 적용하는 것이며, 풍차본체의 구조 및 풍차본체와 기초의 연결구조, 송전시설 등의 설계는 포함되지 않는다. 또한 대상으로 하고 있는 기초구조의 형식은 기존 해상구조물에 의한 구조형식(중력식, 말뚝식(杭式))이며, 다음의 각 항목에 해당하는 해상구조물에 대해서는 별도의 검토가 필요하다.

· 부체식(浮体式) 해상구조물
· 연구나 실험이 필요한 특수 해상구조물

1.1.3 설계방침

해상풍차기초의 설계는 사전에 조사·관측·통계적인 추측 등으로 파랑·바람·지진·해저지반 등의 자연환경조건을 정확하게 파악하고, 이들의 자연환경조건을 고려해 정한 상시(常時) 하중상태 및 이상시(異常時) 하중상태에서 인명의 안전, 기능 유지, 재산 보호, 사회질서 유지, 환경보전이 달성될 수 있도록 한다.
설계법은 원칙적으로 「항만시설의 기술상의 기준·동해설」(이하 「항만시설기준」이라 한다)에 준거한다.

[해설]

해상풍차기초의 설계는 다음에 기재되는 사항을 고려하여 실시한다.

· 해상풍차기초는 풍력발전시설의 목적과 용도에 적합한 동시에 그 이용자 공중(公衆)의 안전을 확보하고 주변 환경과 사회에 미치는 영향을 충분히 고려해 계획해야 한다.
· 해상풍차기초는 건설 예정해역에서의 사용기간 동안 예상되는 하중에 대해 풍력발전시설의 기능이 유지되며, 주변의 환경과 사회에 안전하도록 설계해야 한다.
· 기초의 상태는 풍력발전시설의 기능을 저해하지 않도록 경사·활동(滑動, 미끄러짐)·전

도·침하 등의 허용량(한계상태)을 충분히 고려해서 설계해야 한다.

- 높은 탑상 구조물을 갖는 해상풍차기초는 파랑, 바람이나 지진으로 인한 진동특성을 충분히 고려해 설계해야 한다. 특히 풍차타워와 기초의 접합부에서는 피로에 의한 손상이 예상되기 때문에 피로해석 등을 통해 적절한 설계를 할 필요가 있다. 또한 풍차본체의 진동특성과 기초의 진동특성이 서로 크게 관여하는 말뚝식 구조물과 같은 기초형식의 경우에는 사용기간 내에서의 반복응력에 대한 재료의 피로에 대해서도 고려할 필요가 있다.

- 상세 설계단계에서는 피해 발생 후 복구에 대한 용이성 및 공사기간 중의 시공조건 등을 충분히 고려해 안전하고 시공성이 뛰어난 배치·규모·구조를 검토하고, 사용하는 재료의 특성도 충분히 파악해 둘 필요가 있다.

- 전체의 외력에 대한 안전성은, 파괴안전율에 기초하는 방법 또는 확률론에 기초한 지표를 사용하는 방법(신뢰성설계법)으로 검토한다. 단, 신뢰성설계법을 사용할 경우에는 풍차기초에 요구되는 기능 및 구조물의 특성을 충분히 파악해 검토에 필요한 수치를 적절히 설정해야 한다.

- 부재의 외력에 대한 안전성은, 허용응력도법 또는 한계상태설계법으로 검토한다. 단, 철근콘크리트 부재는 한계상태설계법으로 하는 것을 표준으로 한다.

1.1.4 사용기간

> 해상풍차기초의 사용기간은 풍력발전시설의 기능적·경제적·물리적인 요인과 사회계획적인 요인을 검토해 적절히 결정하는 것이 바람직하다. 그리고 앞에 기술한 바로부터 사용기간이 정해지면 그 사용기간에 적합한 자연환경조건에서의 재현기간 설정 및 구조와 재료 선정이 필요하다.

[해설]

해상구조물의 설계에서는 재질의 열화, 피로의 진행상황 및 설계외력(파랑·바람·지진 등)의 장기 예측에서의 불확실성 등을 고려해 사전에 사용기간을 설정하고 그 기간만큼은 기능성과 안전성을 확실하게 유지할 수 있도록 하는 방법이 일반적으로 취해지고 있다.
따라서 파랑·바람·지진 등의 자연환경하중에 대한 재현기간의 설정 및 재질열화에 따른 내구성의 고려 등은 이 사용기간에 기초해 정하게 된다. 또한 별도의 사용목적이 있는 해양구조물을 풍차의 기초로 병용(倂用)할 경우에는, 풍차 본체의 내용연수만으로 사용기간을 결정할 수 없다.

[참고]

해상풍차기초의 사용기간을 설정할 때에는 이하의 경우를 고려한다.

· 해상풍력발전시설로서 단독으로 사용되는 풍차기초일 경우에는 설계단계에서 장기적인 기초 성상(性狀)의 추정이 곤란하기 때문에 풍차 본체의 내용연수와 동등하게 하거나, 그 이상으로 설정한다.

· 방파제 등 별도의 사용목적이 있는 항만시설을 풍차기초로 병용할 경우에는 항만시설과 풍력발전시설 쌍방의 사용기간을 고려해 설정한다.

각 제조회사의 설명에 따르면 현재, 일반적인 풍차 본체의 내용연수는 20년 정도로 하고 있는 경우가 많은 듯하다. 이것은 「JIS C 1400-1」 풍력발전시스템 제1부 : 안전요건(2001년 3월 20일 제정)[1](이하 「JIS C 1400-1」로 한다)에서 '설계수명은 적어도 20년으로 한다'로 기재되어 있는 것이 한 요인이라고 생각된다. 그리고 풍차 본체의 법정내용 기간은 17년 정도이다.

1.1.5 재현기간

> 자연환경하중(바람·파랑·지진 등)에 대한 설계하중은, 해상풍력발전시설 파손의 중대성, 주변의 환경, 사회에 미치는 영향 및 사용기간 등을 고려해서 정해진 재현기간에 기초해 설계한다.

[해설]

재현기간이란 상정한 값을 웃도는 외력이 나타나는 평균적인 년수(年數)이다. 예를 들면 파고 5m 이상의 파도가 평균적으로 10년에 1번 비율로 내습(來襲)하면 그 재현기간은 10년이 된다.

재현기간은 구조물의 사용기간·중요도·경제성·주변 환경·사회에 미치는 영향 등을 고려

---

1) 「JIS C 1400-1」은 IEC61400-1 Wind turbine generator systems – Part1 : Safety requirement를 번역하여 기술적 내용 및 규격표 양식의 변경 없이 작성한 일본공업규격이다.

해 설정한다. 단, 몇 개의 자연환경하중을 조합할 경우에는 모든 하중요소에 대해 일률적인 재현기간으로는 조합이 되지 않으므로 주의가 필요하다(1.3.3 '하중의 조합' 참조).

[참고]

일반적인 항만시설에서는 계획사용기간에 대해 재현기간을 동등하게 또는 그 이상으로 하고 있는 경우가 많은 듯하며 구조물의 설계단계에서 재현기간 내의 안전율을 1 이상으로 하고 있다. 또한 다른 나라 해상풍차기초의 설계사례를 보면 파랑의 재현기간은 30~50년 정도, 풍속은 「JIS C 1400-1」에 의한 50년간의 극치풍속(極値風速) class I(1.3.4 '풍하중' 참고) 정도를 고려해 설계하고 있는 듯하다.

해상풍력발전시설에서 풍차기초에 대한 외력의 재현기간을 설정할 때에는 이하의 경우를 고려한다.

· 해상풍력발전시설로서 단독으로 사용되는 풍차기초일 경우에는 사용기간과 동등 혹은 그 이상으로 설정한다.

· 방파제 등 별도의 사용목적이 있는 항만시설을 풍차기초로 병용할 경우에는 항만시설과 풍력발전시설 쌍방의 재현기간을 고려해 설정한다.

· 중요도가 높은 항만시설이 인접할 경우에는 그들의 재현기간을 충분히 고려해 설정한다.

1.1.6 조우확률

사용기간과 재현기간에 밀접한 관계가 있는 사항으로 조우(遭遇)확률이 있다.
조우확률은 다음 식으로 구할 수 있다.

$$E_1 = 1 - (1 - 1/T_1)^{L_1}$$

E_1 : 조우확률, T_1 : 재현기간, L_1 : 사용기간

[해설]

조우확률은 사용기간 동안에 구조물의 중요성, 경제성 등 많은 요소를 종합적으로 평가하는 지표이며, 조우확률을 어느 정도까지 낮출지는 구조물의 실정을 고려해 결정할 필요가 있다. 또한 조우확률이 구조물의 파괴확률을 나타내는 것은 아닌 점에 주의해야 한다.

[참고]

해상풍력발전시설의 사용기간을 풍차 본체의 내용연수로부터 20년으로 한 경우 재현기간에 대한 조우확률을 〈표 1.1.1〉에 나타낸다.

표 1.1.1 사용기간이 20년일 경우의 조우확률

재현기간(T_1)	10년	20년	30년	40년	50년	60년
조우확률(E_1)	0.878	0.642	0.492	0.397	0.332	0.258

여기서 해상풍력발전시설의 사용기간과 재현기간을 같은 20년으로 설정하면 그 경우의 조우확률은 0.642가 되며, 항만시설의 파랑에 대한 조우확률(=0.636)과 동등한 수준이기 때문에 평가하는 지표로서도 등가(等價)이다. 단, 파괴안전율에 기초해 설계되는 경우에는 이것에 안전율을 고려하고 있는 것도 평가에 추가할 필요가 있다. 또한 사용기간 20년에 대해 재현기간을 30~50년으로 설정하고 있으면 조우확률은 0.492~0.332 정도로 추찰(推察)된다.

따라서 현재 구조물의 중요성, 경제성 등으로부터 판단할 때 단독으로 사용되는 풍차기초에 대한 재현기간은 대략 사용기간의 1.0~2.5배 정도로 생각할 수 있다.

1.2 자연환경조건

1.2.1 일반

해상풍력기초를 설계할 때에는 해양의 자연환경조건이 구조물 등에 주는 영향 등을 이해하고, 설계에 필요한 특성을 사전에 조사, 파악해야 한다.
대표적인 자연환경조건에는 다음과 같은 것이 있다.

(1) 바람·기압
(2) 파랑
(3) 조석 및 이상조위
(4) 해류 및 조류
(5) 지진
(6) 얼음(氷)
(7) 눈(雪)
(8) 해저지반
(9) 기타

[해설]

해상풍차기초의 설계에 사용하는 자연환경조건은 현지 조사·관측, 과거의 기록 데이터, 신뢰할 수 있는 수치해석으로부터 재현기간 등을 고려해 설정하는 것을 원칙으로 한다.

1.2.2 바람·기압

> 해상풍력기초를 설계할 때에는 이하에 나타내는 바람 및 기압의 영향을 고려해야 한다.
> (1) 구조물에 직접 작용하는 바람
> (2) 풍파(風波) 및 고조(高潮)를 발생·발달시키는 바람
> (3) 바람 및 고조를 발생시키는 기압

[해설]

설치해역에서 바람의 특성으로서 필요한 관측자료는 설정한 해수면 높이 지점에서의 풍속·풍향 등을 통계처리한 것이다.

일본은 과거로부터 축적된 해상의 상세한 풍황 데이터가 적고, 또 해상풍속에 대한 해면조도의 영향이나 연직분포 등에 대해서도 명확한 지견(知見)이 제시되고 있지 않기 때문에 해상풍력발전시설을 설계할 때에는 해상에서의 풍황관측이 필요하다.

1.2.3 파랑

> 해상풍차기초를 설계할 때에는 이하에 나타내는 파랑의 영향을 고려해야 한다.
> (1) 바람으로 인해 일어난 풍역(風域) 내의 풍파
> (2) 풍파가 풍역(風域) 밖으로 전파한 너울
> (3) 구조물에 직접 작용하는 파압(波壓)·유체력·월파(越波)·물보라
> (4) 구조물의 주변에 영향을 주는 이차적인 파(波)로서의 반사파·회절파

[해설]

풍차기초의 설계에 사용하는 파랑은 「항만시설기준」제2편 설계조건 제4장 파랑에 따라 고려할 수 있다.

1.2.4 조석 및 이상조위

해상풍차기초를 설계할 때에는 이하에 나타내는 조석의 영향을 고려해야 한다.
(1) 천문조(天文潮)
(2) 이상 조위[기상조(氣象潮)·폭풍해일(暴風海溢)·부진동(副振動) 등]

[해설]

풍차기초의 설계에 사용하는 조석 및 이상조위는 「항만시설기준」 제2편 설계조건 제6장 조석 및 이상조위에 따라 고려할 수 있다.

1.2.5 해류 및 조류

해상풍차기초를 설계할 때에는 해류 및 조류의 영향을 고려해야 한다.

[해설]

풍차기초의 설계에 사용하는 해류 및 조류는 「항만시설기준」 제2편 설계조건 제7장 흐름 및 흐름의 힘에 따라 고려할 수 있다.

1.2.6 지진

해상풍차기초를 설계할 때에는 이하에 나타내는 지진의 영향을 고려해야 한다.
(1) 구조물에 직접 작용하는 지진력(地震力)
(2) 구조물에 직접 작용하는 동수압
(3) 지진으로 인해 발생하는 지진해일(地震海溢)

[해설]

풍차기초의 설계에 사용하는 지진은 「항만시설기준」 제2편 설계조건 제12장 지진 및 지진력, 제14장 토압 및 수압, 14.4.2 '지진 시의 동수압' 등을 참고해 고려할 수 있다.
단, 항만시설기준의 설계에서 고려하는 지진동(地震動) 및 항만시설의 내진성능은 레벨 1 지진동의 재현기간을 75년으로 하고, 또 레벨 2 지진동에서는 수백 년에 걸친 지진동을 고려하고 있기 때문에 해상풍차기초 재현기간과의 정합성(整合性)에 주의할 필요가 있다.

1.2.7 얼음(氷)

유빙(流氷) 또는 결빙(結氷)이 발생하는 해역에 설치하는 해상풍차기초를 설계할 때에는 이하에 나타내는 얼음의 영향을 고려해야 한다.
  (1) 해빙의 이동에 따라 작용하는 빙하중(氷荷重)
  (2) 결빙에 의한 빙하중
  (3) 중량·풍하중 등을 증대시키는 착빙(着氷)

[해설]

설치해역의 얼음 특성으로서 필요한 관측자료는 해빙의 집적 및 분포상황, 해빙의 형태·두께 강도·이동속도 및 방향, 빙산과의 조우, 기온·빙온(氷溫)을 통계 처리한 것이다.

1.2.8 눈(雪)

적설이 예상되는 해역에 설치하는 해상풍차기초를 설계할 때에는 이하에 나타내는 적설의 영향을 고려해야 한다.
  (1) 중량으로 작용하는 적설(積雪)
  (2) 풍하중 등을 증대시키는 적설

[해설]

풍차기초의 설계에 사용하는 눈은 「항만시설기준」 제2편 설계조건 제15장 상재하중 15.3.4 '적설하중'에 따라 고려할 수 있다.

1.2.9 해저지반

해상풍차기초를 설계할 때에는 이하에 나타내는 해저지반의 영향을 고려해야 한다.
  (1) 구조물을 지지하는 지반
  (2) 구조물에 직접 작용하는 토압
  (3) 지진 등에 기인되는 액상화
  (4) 파랑·조석·해류·조류 등의 변동요인으로서의 지형

[해설]

풍차기초의 설계에 사용하는 해저지반은 「항만시설기준」 제2편 설계조건 제11장 지반, 제13장 액상화에 따라 고려할 수 있다.

1.2.10 기타

> 해상풍차기초를 설계할 때에는 앞에서 나타낸 자연하중 외에 이하에 나타내는 요인에 대한 영향도 고려해야 한다.
> (1) 온도응력
> (2) 반복응력
> (3) 충격하중(선박의 견인력 등)
> (4) 우발하중(선박의 충돌, 빙산의 충돌 등)

[해설]

이러한 응력과 하중은 구조물의 실상을 충분히 고려한 후에 적절히 설계에 반영할 필요가 있다.

1.3 설계하중

1.3.1 일반

> 해상풍차기초를 설계할 때 고려해야 하는 하중은 시공시 및 공용시에 구조물의 안정성, 강도, 변형 등의 결정에 관여하는 모든 하중으로 한다.
> 하중에는 자중 등의 고정하중, 눈·얼음 등의 상재하중, 정수압 및 부력, 자연환경하중, 토압, 선박 충돌 등의 우발하중 등이 있으며 해당하는 기초 구조물의 실정에 맞게 산정한다.

[해설]

해상풍차기초에 작용하는 하중은 육상 구조물에 비해 종류가 많으며, 연안, 외해 등 해역의 변화로 인한 공간적인 변동, 기상·해상조건의 급변에 따른 시간적인 변동이 현저하기 때문에 설계하중을 설정할 때에는 이들의 특징을 충분히 고려할 필요가 있다.

시공 시의 하중은 시공 도중의 잠정단면에서 고려해야 하는 자연환경하중과 프리캐스트(precast)를 제작·설치할 때 등에 작용하는 시공하중을 나타내며, 그 상태에 맞는 설계하중을 적절히 반영할 필요가 있다.

본 절에서는 공용 시의 설계하중에 대해 다룬다.

1.3.2 설계조건

> 해상풍차기초를 설계할 때에는 건설기간 및 사용기간에 고려해야 하는 요인에 대해 적절한 설계조건을 설정해야 한다. 또한 설계조건은 필요에 따라 장래의 변화양상 등을 고려해 설정한다.

[해설]

설계조건을 설정할 때에는 기초구조물의 기능·사용조건·입지조건·자연환경조건·사회적인 조건·시공조건 외에, 시공시 및 공용시의 하중조건, 설계·시공 정도(精度), 재료강도, 구조물의 역학적 특성, 중요도, 사용기간 등을 고려해야 한다. 또한 파손될 경우 주변에 미칠 영향·보수방법·방재대책·장래의 해역 이용형태 등을 고려해 설정할 필요가 있다.

1.3.3 하중의 조합

> 설계하중은 상시 하중상태와 이상시 하중상태로 구별된다.
> ① 상시 하중상태 : 평상시 사용 중일 때의 하중상태를 말한다.
> ② 이상 시 하중상태 : 자연환경하중이 장기간에 걸쳐 최대급이 되는 경우의 하중상태를 말한다.
> 하중의 조합은 각각의 하중상태를 실상에 맞게 적절히 설정한다.

[해설]

일반적인 해상풍차기초 설계하중의 조합은 〈표 1.3.1〉과 같다.

하중의 조합을 생각할 때 당연히 주(主)하중과 종(從)하중이 동시에 최대급이 되는 경우는 생각할 수 없기 때문에 종하중의 크기는 종류, 발생빈도, 구조물의 형태·상태 등에 따라 적당히 저감될 것으로 생각된다. 그 저감률은 확률론적으로 정해져야 하나, 현 단계에서는 자료의 부족으로 이를 일반적으로 정량화하여 표준화하는 것은 어려우므로 설계자의 판단에 맡기는 것으로 한다.

표 1.3.1 하중의 편성

	고정 하중	상재 하중	기타 하중	자연환경하중				비고
				흐름에 의한 힘	파압	풍하중	지진 하중	
평상시	○	○	△	△	○	○	—	cut-out시, 공진시(共振時), 정격운전시
이상시	○	○	△	△	○	○	—	격랑시, 폭풍시
				△	—	○	○	지진시

주1) 기타 하중 : 계류력(係留力), 토압, 변형하중 및 눈·얼음 등의 자연환경하중을 의미한다.
주2) ○ : 실상에 맞게 적절히 고려한다. △ : 필요에 따라 고려한다. — : 고려할 필요 없다.

[참고]

조합된 하중 전체의 크기(하중계수) 산정은 아래의 식과 같이 통계상의 확률량을 다루는 Turkstra의 방법으로 할 수 있다.

$$\max X \approx \max\left[\max X_i + \sum_{j=1}^{n} X'_j\right], \quad j \neq 1;$$

$$i = 1, 2, \cdots, n \quad (X : 하중)$$

이것은 '전체로서의 하중효과가 연간최대치가 되는 것은 시간적으로 변동하는 복수(複數)의 하중 중 하나가 최대가 되는 시점이다'라는 것을 의미한다.

이와 같이 설계하중에서 최대치를 추정하는 방법에는 시간의 변동에 따른 각 하중효과의 선형합(線形合) 중에서 한 개의 하중이 최대가 되는 경우(주하중)에 다른 하중(종하중)의 하중효과를 평가하는 통계적인 해석이 필요하다. 그러나 현재로서는 해상의 바람과 파(波), 바람과 지진 등의 시계열에 의한 과거의 데이터가 정리되어 있지 않기 때문에 설계하중은 현지에서의 상기(上記) 해석 등도 포함해 설정하는 것이 바람직하다.

구체적인 판단자료로서 하중계수의 일례로는 「해양건축물구조설계지침(고정식)·동해설(일본건축학회, 1987년)」에 의거한 〈표 1.3.2〉가 있다.

표 1.3.2 조합된 하중에 대한 강도를 검토한 경우의 하중계수 비교사례

	고정 하중	상재 하중	기타 하중	자연환경하중				비고
				유체력	파압	풍하중	지진하중	
평상시	1.0	1.0	1.0	1.0	1.0	0.36	—	파(波) 고려
				1.0	0.55	1.0	—	바람 고려
이상시	1.0	1.0	1.0	1.0	1.0	0.45	—	격랑(激浪)시
				1.0	0.7	1.0	—	폭풍 시
				1.0	0.33	—	1.0	지진 시

주) 단, 유체력이란 흐름에 의한 힘을 의미한다.

지진하중과 풍하중의 조합기준으로는, 키요미야(淸宮)에 의해 해석된, 지진의 재현기간 중에 조우(遭遇)하는 평균풍속과의 관계〈그림 1.3.1〉가 제시된다. 그림에 의하면, 지진의 재현기간이 50년일 때 평균풍속은 지상고 10m에서 8m/s 정도가 되며, 「항만시설기준」의 level 1 지진동의 재현기간 75년에서는 11m/s로 허브 높이로 환산하면 정격풍속 정도가 된다. 또한 평균풍속이 30m/s 이상일 경우에 조우하는 지진의 재현기간은 10만 년 이상이 된다.

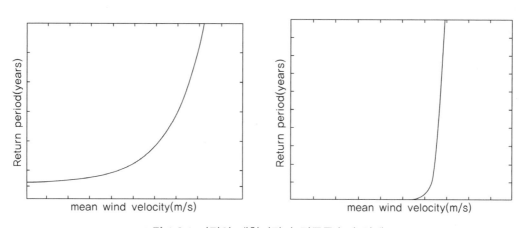

그림 1.3.1 지진의 재현기간과 평균풍속의 관계

출처: Dynamic Response Analysis of Wind Energy Power Units during Earthquake and WindForces, August 2001, Osamu KIYOMIYA, p.47.

1.3.4 풍하중

> 해상풍차기초의 설계에서는 그 시설이 적절한 내풍성(耐風性)을 갖도록 풍차 본체에 작용하는 풍하중의 영향을 고려한다.

[해설]

해상풍력발전시설은 해상에 높은 탑상의 구조물이 존재하므로 풍차에 작용하는 풍하중의 영향을 충분히 고려해 설계할 필요가 있다. 그러나 현재로서는 해상풍의 취급에 대해 명확한 방법이 제시되어 있지 않다.

따라서 해상풍차기초의 설계에서는 풍동실험 등으로 풍하중을 구하거나 기존의 기준 등에서 구조물의 특성에 따라 이하의 (1)~(3)을 통해 설정할 수 있다.

(1) 하중상태

풍차에 작용하는 풍하중의 상태로는 일반적으로 다음과 같이 생각할 수 있다.

① 운전 시

· 풍차가 정격 발전량을 출력하는 풍속일 때이다.

· 정격출력에 도달하는 풍속 이상에서는 피치(pitch) 또는 스트롤(stroll) 제어로 출력을 제어한다.

· 통상, 속도 11~17m/s에서 정격이 된다.

② 컷 아웃(Cut out) 시

· 위험방지를 위해 로터의 회전을 멈추어 발전을 중지하는 풍속일 때이다.

· 통상, 풍속 24~25m/s 정도이다.

③ 공진풍속 시

· 풍하중의 동적(動的)작용력으로서 풍향의 직각방향에 자려(自勵)진동을 일으키는 경우이다.

④ 폭풍 시

・설계에서 생각하는 최대풍속이 풍차에 작용할 경우이다.

・폭풍 시에는 로터의 회전을 멈추어 발전을 중지하고 있다.

(2) 타워에 작용하는 풍하중의 계산

폭풍 시의 풍하중 계산 및 폭풍 시 이외의 풍하중 계산에서 대표적인 것을 이하에 나타낸다. 풍하중은 풍압력에 타워의 수풍면적(受風面積)을 곱해 계산한다.

$$P = W \cdot A$$

여기서, P : 풍하중(N), W : 풍압력(N/m^2), A : 수풍면적(m^2)

① 폭풍 시

풍차의 타워에 작용하는 폭풍 시의 풍하중에 대해서는 「건축기준법시행령」 제3장 제87조 풍압력(2000년 6월 1일 시행), (이하 「건축기준법」이라 한다)의 식을 사용해 계산한다. 이것은 일본 전국 각 지방의 과거 폭풍기록에 기초하는 풍속이 작용한 경우의 풍압력을 구하는 방법이다. 계산의 개요는 다음과 같다.

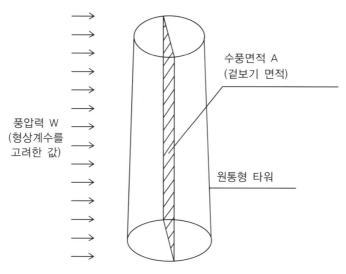

수풍면적 A
(겉보기 면적)

풍압력 W
(형상계수를
고려한 값)

원통형 타워

그림 1.3.2 타워에 작용하는 풍하중도

$$W = q \cdot c_f$$
$$q = 0.6 \cdot E \cdot V_0^2$$

여기서, W : 풍압력(N/m^2)

    q : 속도압(N/m^2)

    c_f : 풍력계수(건설성(建設省) 고시 제1454호의 표에 의한다)

    E : 건설성 대신(建設大臣)이 정하는 방법으로 산출한 수치

    V_0 : 건설성 대신(建設大臣)이 정한 30~46m/s 범위까지의 풍속(m/s)

② 정격풍속, 컷 아웃(cut out) 풍속 등의 폭풍 시 이외의 풍속 시

폭풍 시 이외의 풍하중에 대해서는 건축기준법 등으로 정해져 있지 않기 때문에, 풍차의 타워에 작용하는 폭풍 시 이외의 풍하중에 대해서는 다른 적절한 기준을 사용해 계산한다.

이하는「건축기준법시행령」제87조(1950년 제령 제338호) (이하「구 건축기본법」이라 한다)의 식을 풍속으로 환산한 것을 이용한 예이다.

$$q = 120 \cdot \sqrt[4]{h} \cdot (V/60)^2 = V^2/30 \cdot \sqrt[4]{h}$$

여기서, q : 속도압(kgf/m^2)

    V : 풍속(m/s)

    h : 바람을 받는 지상에서의 높이(m)

이 식은 구 건축기준법 안에 있는 속도압 공식 $q = 120 \cdot \sqrt[4]{h}$ 를 기본으로 하고, 이 식에 임의의 풍속과 기준풍속 60m/s의 비(比)의 제곱을 곱해 계산하고 있다. 속도압은 풍속의 제곱에 비례하며 이 식에서의 기준풍속은 60m/s로 알려져 있다.

이 식은「크레인구조규격」(노동성(勞動省) 고시 제53호 1976년 9월)(이하,「크레인구조규격」이라 한다) 및「데릭(Derrick)구조규격」(노동성(勞動省) 고시 제29호 1968년 6월)의 아래 식과도 같다.

$$q = V^2/30 \cdot \sqrt[4]{h}$$

여기서, q : 속도압(kgf/m^2)

V : 풍속(m/s)

h : 바람을 받는 지상에서의 높이(m)

풍압력은 속도압에 풍력계수를 곱해 구한다.

$$W = q \cdot c$$ 　주) 이 경우의 속도압은 SI 단위가 아니기 때문에 주의를 요한다.

여기서, W : 풍압력(N/m^2)

q : 속도압(kgf/m^2)

c : 풍력계수(예를 들어, 판상(板狀)일 경우 1.2, 원통상(圓筒狀)일 경우 0.7)

③ 공진풍속 시

「탑상구조물설계지침·동해설(일본건축학회, 1980년)」에는 독립된 연돌(煙突)의 설계법으로서 공진풍속 시의 계산방법이 설명되어 있다. 계산의 개요는 이하와 같다.

$$V_c = N \cdot D_m / S$$

여기서, V_c : 공진풍속(m/s)

N : 연돌의 고유진동수(Hz)

D_m : 타워 높이 2/3 지점에서의 외경(m)

S : Strouhal Number(보통 0.18)

$$P_d = C_d \cdot q_c \cdot D$$ 　주) 이 경우의 속도압은 SI 단위가 아니기 때문에 주의를 요한다.

$$q_c = 1/16 \cdot V_c^2$$

여기서, P_d : 풍향직각방향의 풍력(kgf/m)

q_c : 공진 시 풍속압(kgf/m^2)

C_d : 공진 시 풍속계수

D : 외경(m)

(3) 풍차 탑(top)에 작용하는 풍하중의 계산

풍차의 탑(top)에 작용하는 풍하중은 원칙적으로 풍차 제조회사가 제시하는 수치를 사용한다. 단, 같은 조건에서 다른 적절한 기준 등을 사용한 계산도 실시해 하중치가 큰 쪽을 풍차 탑(top)의 풍하중으로 선정하는 것이 바람직하다.

건축기준법·크레인구조규격 등 토목건축관계기준의 풍하중계산은, 대상물체가 정지해 있는 것을 전제로 하고 있어, 풍차를 운전할 때와 같이 블레이드가 회전하고 있는 상태에서의 외력산정은 상정하고 있지 않다. 그리고 풍차에 걸리는 외력을 정한 일본 국내의 기준이 현재로서는 없는 상황이다.

한편, 풍차가 정지해 있는 폭풍 시일 경우에 풍력계수를 적절히 설정하면 건축기본법의 적용이 가능하다.

일반적으로 대형풍차에서는 폭풍 시에 풍차 본체의 요(yaw) 제어에 의해 풍차의 방향이 바람의 방향이 되며, 피치 제어에 의해 블레이드는 페더링(feathering) 상태가 된다. 즉, 폭풍 시에는 수풍면적이 최소가 되도록 하는 장치로 설계되어 있다.

그러나 정전 등으로 요 제어가 불가능해진 경우에는 횡풍(橫風)을 받아 수풍면적이 커질 가능성이 있다.

그러므로 해상풍차기초를 설계할 때에는 풍차 본체의 설계하중과 제어기구 등도 충분히 고려해, 무정전으로 설계할지 정전되었을 때는 어떠한 상태가 되도록 설계할지를 풍차 제조회사와 협의해 미리 리스크(risk)를 정해둘 필요가 있다.

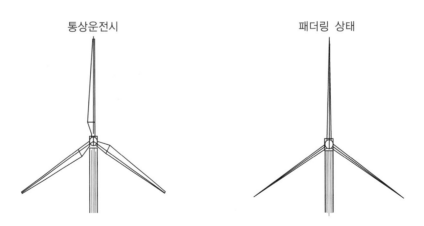

그림 1.3.3 상황별 날개 상태의 정면도

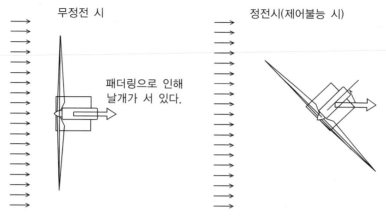

무정전 시   정전시(제어불능 시)

패더링으로 인해
날개가 서 있다.

그림 1.3.4 폭풍 시 풍하중의 방향도

[참고]

(1) 「건축기준법 시행령」 제3장 제87조에 의한 속도압의 계산에서 본 해상풍의 특징 건축기준법에서의 속도압은 다음 식으로 계산된다.

$$q = 0.6 \cdot E \cdot V_0$$

$$E = E_r^2 \cdot G_f$$

여기서, q : 속도압(N)

E : 풍력계수

V_0 : 기준풍속(m/s)

E_r : 높이 방향의 분포를 나타내는 계수

G_f : 거스트(gust) 영향계수

기준풍속은 지역별로 설정되며, 거스트 영향계수 및 연직분포를 나타내는 계수는 구분 I~IV에 분류된 지상면(地上面)의 조도구분에 따라 설정된다. 여기서 기준풍속 및 각 계수를 도표로 해상풍의 특징과 함께 나타낸다. 또한 지상면 조도구분의 이미지를 「건축물하중지침·동해설(일본건축학회, 1993년)」 (이하, 「건축물하중지침」이라 한다)로부터 〈그림 1.3.5〉(그림에서는 조도구분 I과 IV를 예로 듦)에 나타낸다.

구분 II와 구분 III은 〈그림 1.3.5〉의 중간 정도이며, 해상은 구분 I에 해당한다.

지표면의 조도구분 I

지표면의 조도구분 IV

그림 1.3.5 조도구분의 이미지(image)

① 기본풍속

「건축물하중지침」에는 기본 풍속(風速)으로서 〈그림 1.3.6〉과 같이 지역별로 수치가 표시되어 있다. 그림에서도 알 수 있듯이 해상은 육상부에 비해 기준 풍속이 높은 경향이 있다. 이 수치는 지표면 조도구분 II의 지상고 10m일 경우의 10분간 평균풍속의 100년 재현기대치이다.

기본풍속 U_0는 지표면 조도구분 II의 지상 10m일 경우의 10분간 평균풍속의 100년 재현기대치이며, 건설지점의 지리적 위치에 맞게 정한다. 단, 건설지점 부근의 관측자료가 있을 경우에는 그에 의거해 정할 수 있다.

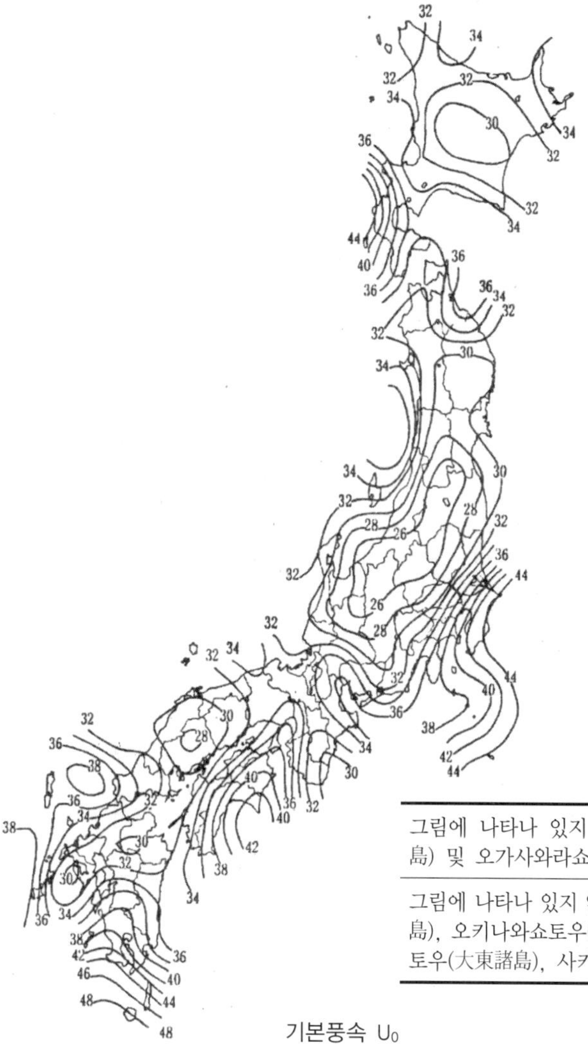

그림에 나타나 있지 않은 이즈쇼토우(伊豆諸島) 및 오가사와라쇼토우(小笠原諸島)	45m/s
그림에 나타나 있지 않은 토우난쇼토우(藤南諸島), 오키나와쇼토우(沖繩諸島) 및 다이토우쇼토우(大東諸島), 사키시마쇼토우(先島諸島)	50m/s

기본풍속 U_0

그림 1.3.6 「건축물하중지침·동해설」에서의 기준풍속

② 거스트 영향계수

거스트 영향계수(G_f)는, 지표면의 조도구분에 따라 〈표 1.3.3〉의 수치를 사용하게 되어 있다. 이것을 높이별로 도시하면 〈그림 1.3.7〉과 같다.

해상과 같은 조도구분 I을 적용할 수 있는 평탄한 장소에서는 거스트 영향계수가 작다.

표 1.3.3 높이 구분에 따른 거스트 영향계수의 값

지표면 조도구분 \ 높이	(1) 10m 이하인 경우	(2) 10m 초과 40m 미만인 경우	(3) 40m 이상인 경우
I	2.0		1.8
II	2.2	(1)과 (3)에 나타내는 수치를 직선적으로 보간한 수치	2.0
III	2.5		2.1
IV	3.1		2.3

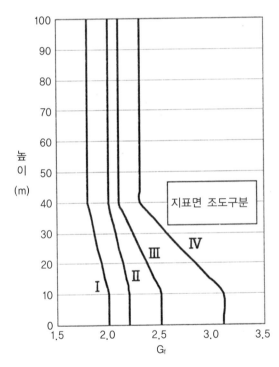

그림 1.3.7 높이에 따른 거스트 영향계수

③ 풍속의 높이방향 분포

지표면 부근의 바람은 지표면과의 마찰에 의해 높이 방향으로 풍속이 변화하며, 지표면 부근일수록 풍속이 감소하는 경향이 있다. 「건축물하중지침」에서 이 풍속의 높이 분포는 아래의 식으로 표현되는 멱지수 분포를 사용하고 있다. 지표면 조도에 대한 멱지수의 실측치는 〈표 1.3.4〉와 같다.

지표면이 완만한 해안지점에서는 멱지수의 값이 0.1~0.2 정도로 작아 높이 방향의 풍속변화가 작은 것을 알 수 있다.

$$U_z = U_{Z0} \cdot (Z/Z_0)^{\alpha}$$

여기서, U_z : 임의의 높이 Z에서의 풍속(m/s)

U_{z0} : 기준 높이 Z_0에서의 풍속(m/s)

α : 지표면 조도에 대한 멱지수 값(〈표 1.3.4〉)

표 1.3.4 지표면 조도에 대한 멱지수 값

장 소	관측정 높이(m)	주변의 지표면 상황	Becky 지수 α
하카타코우(博多港)	80.0	낚시터	0.10
반노스(番の洲)	51.5	해안	0.11~0.14
히라츠카(平塚)	20.0	균질한 연안지역	0.12*
미우라미사키(三浦岬)	20.0	연안지역	0.22
츠루미(鶴見)	20.0	지방도시 근처의 연안지역	0.15*
타루미(垂見)	80.0	연안지역	0.18~0.27
나카가와(中川)	150.8	바다에서 130~150m 떨어진 지역	0.17~0.20
홍콩	55.0	연안지역	0.19~0.21
	61.0	물가	0.19
Riso	96.0	완만한 구배가 있는 좁은 반도	0.18*
	125.0		0.23*
Machias만(bay)	242.0	평탄한 반도	0.17~0.43
가고시마(鹿兒島)	111.0	큐슈(九州) 남서해안	0.20*
미가와(三川)	120.0	평탄한 연안지역	0.17~0.24
마츠시마(松島)	146.5	좁은 해협에 면한 평탄한 지역	0.14~0.21
Rugby	50.0	시골	0.17
Rockcliffe	600.0	STOL항 (평탄 + 川)	0.23
Arco	61.0	쑥 등으로 고루 덮여 있는 지역	0.26*
Kennedy S.C.	150.0	균질한 수목 + 야채밭	0.24~0.29*
Wallops 섬	80.0	연안지역의 초원	0.13*

(표 계속)

장 소	관측정 높이(m)	주변의 지표면 상황	Becky 지수 α
Amberley	10.0	초원 + 저목(低木)	0.13
Rakaia 강	10.0	하원(河原) + 평탄지	0.28
토요하시(豊橋)	60.0	평탄지	0.15~0.21
히토요시(人吉)	90.0	수목이 우거지고 완만한 기복이 있는 시골	0.19~0.29
Sale	153.0	약간 수목이 있는 초원	0.16~0.22*
타이페이(台北)	34.0	N.T.U의 평탄지	0.19~0.30
Liverpool	330.0	10~12m 높이의 주택지	0.21
후쿠오카(福岡)	180.0	밀집된 주택지	0.22
	180.0	저층 건물이 산재하는 대학지역	0.23
Sheffield	900.0	도시의 대학	0.22
고쿠분지(國分寺)	48.0	도쿄(東京)도심에서 20km 떨어진 지역	0.25
			0.34~0.37*
가와구치(川口)	300.0	교외	0.25
Nantes	60.0	가옥 + 작은 수목	0.30
		18m 높이의 건물군	0.32
		15~20m 높이의 수목	0.36
Arts 타워	60.0	교외	0.30
Southampton	45.0		0.30
Sutherland	35.0		0.30
츠쿠바(筑波)	200.0	거의 평탄지, 수목 + 저층건물	0.24~0.30
Nanjing 타워	164.0	저층건물이 산재하는 지역	0.21
오사카(大阪)	125.0	대도시	0.53~0.55*
오다와라(小田原)	20.0	도쿄(東京) 근처의 지방도시	0.57~0.72*
히라츠카(平塚)	20.0		0.29*
츠루미(鶴見)	20.0		0.14*
도쿄(東京, 1964)	253.0	대도시 중심	0.30
도쿄(東京, 1965)	253.0		0.27~0.31
Wellington	125.0	밀집한 도회지	0.50~0.53
지바(千葉)	121.0	도회지	0.27~0.28
Shanghai		도회지	0.28
우체국 건물	195.0	도회지	0.33
도쿄(東京)		대도시 중심	0.39~0.54
지바(千葉)		항만 근처의 지방도시	0.46~0.49

주) * 표시는 보고에 명시된 관측데이터에 최소자승법(最小自乘法)을 적용해 구한 값임

「건축기본법시행령」 제3장 제87조에서, 평균풍속의 높이방향 분포는 다음 식의 분포계수 (E_r)로 계산된다.

$$H가 \ Z_b \ 이하인 \ 경우 \qquad E_r = 1.7 \cdot (Z_b / Z_G)^\alpha$$

$$H가 \ Z_b를 \ 초과하는 \ 경우 \qquad E_r = 1.7 \cdot (H / Z_G)^\alpha$$

여기서, H : 지표고(m) (기준법에서는 건축물 높이와 처마 높이의 평균)

Z_b, Z_G : 지표면의 조도구분에 따라 〈표 1.3.5〉에 나타낸 수치

α : 지표면 조도에 대한 멱지수 값

표 1.3.5 지표면 조도에 따른 Z_b, Z_G 및 멱지수 값

지표면의 조도구분	I	II	III	IV
Z_b	5	5	5	10
Z_G	250	350	450	550
α	0.1	0.15	0.20	0.27

이 식에서는 높이와 분포계수(E_r)의 관계를 높이 50m까지 도시(圖示)하면 〈그림 1.3.8〉과 같이 되며, 높이 1000m까지를 도시하면 〈그림 1.3.9〉와 같이 된다.

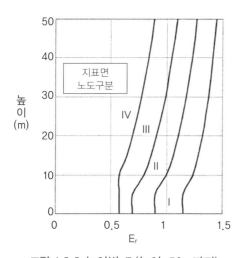

그림 1.3.8 높이별 E_r(높이=50m까지)

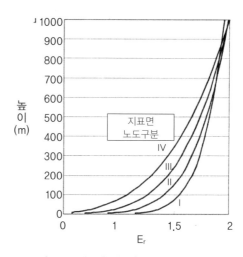

그림 1.3.9 높이별 E_r(높이=1000m까지)

〈그림 1.3.8〉의 구분 II에서 높이 10m 위치에서의 E_r 값은 1.0이며, 〈그림 1.3.9〉의 구분 I에서는 α가 0.1로 작기 때문에 높이 방향의 풍속변화가 작은 것을 알 수 있다. 또한 표고(標高) 600~1000m에서는 지표면의 조도구분에 관계없이 E_r의 수치가 거의 같아 풍속이 같아지는 지점을 상정하고 있는 것도 알 수 있다.

이것은 예를 들면 구분 I의 높이 50m에서의 수치는 아래와 같이 계산하고 있는 것으로 추찰(推察)할 수 있다.

- 구분 II의 높이 10m 위치에서의 E_r을 기본으로 한다.
- 기본값을 E_r이 구분 I와 같은 값이 되는 높이의 점까지 구분 II의 멱지수로 환산한다.
- 이 환산치로부터 이번에는 구분 I의 멱지수를 사용해 높이 50m의 값으로 환산하고 이 값을 구분 I의 높이 50m로 한다.
- E_r은 구분 II의 높이 10m 위치에서의 E_r 값을 기본으로 하고 있기 때문에, 해상이 해당하는 구분 I의 E_r은 높이 방향의 풍속변화가 작음에도 불구하고 구분 II에 비해 큰 값이 되고 있다.

(2) IEC61400-1에서 WTGS 클래스의 풍속 및 난류 파라미터(parameter)

IEC61400-1에서는 설계에서 고려해야 하는 대표적인 풍속 및 난류(亂流) 파라미터(WTGS 클래스)를 정하고 있다. 단, WTGS 클래스는 특정 사이트(site)를 정확히 표현하도록 한 것은 아니다.

WTGS 클래스의 기본 파라미터는 〈표 1.3.6〉과 같다. 해상 설비에 대한 특정 외부조건으로는 클래스 S를 적용하게 되어 있다.

표 1.3.6 WTGS 클래스의 기본 파라미터

WTGS 클래스		I	II	III	IV	S
V_{ref}		50.0	42.5	37.5	30.0	설계자가 규정하는 수치 (여기서, 표 안의 값은 허브 높이에 적용한다.)
V_{ave}		10.0	8.5	7.5	6.0	
A	$I_{15}(-)$	0.18	0.18	0.18	0.18	
	a $(-)$	2	2	2	2	
B	$I_{15}(-)$	0.16	0.16	0.16	0.16	
	a $(-)$	3	3	3	3	

여기서, V_{ref} : 10분 평균의 기준풍속(m/s)

   V_{ave} : 허브 높이에서의 연평균풍속(m/s)

   A   : 높은 난류특성의 카테고리

   B   : 낮은 난류특성 카테고리

   $I_{15}(-)$: 풍속 15m/s일 때 난류 강도의 특성치

   a (-) : 경사(傾斜) 파라미터

① 정상적인 바람의 조건(풍차가 정상적으로 운전되고 있는 상태에서 빈번히 발생하는 바람의 조건)

표준적인 WTGS 클래스의 설계하중계산에서는, 10분간 평균풍속의 레일레이(Rayleigh) 분포에 따라 가정한 허브높이에서의 확률분포를 아래의 식으로 주고 있다.

$$P_R(V_{hub}) = 1 - \exp[-\pi(V_{hub}/2 \cdot V_{ave})^2]$$

여기서, $P_R(V_{hub})$: 허브 높이에서의 확률분포

   V_{hub} : 허브 높이에서의 10분간 평균풍속(m/s)

   V_{ave} : 허브 높이에서의 연평균풍속(m/s)

정상풍속에서 높이 방향의 분포(NWP)는, 지상에서의 높이 함수로서 지수법칙에 따라 다음 식으로 표현된다.

$$V(Z) = V_{hub} \cdot (Z/Z_{hub})^\alpha$$

여기서, V(Z) : 임의 높이 Z에서의 평균속도(m/s)

   V_{hub} : 허브높이에서의 10분간 평균속도(m/s)

   α : 멱지수 값 (=0.2)

정상풍속에서의 난류 모델(NTM)은, 10분간의 평균풍속에서 통계적인 편차로서 바람 벡터 주방향성분에 대한 표준편차를 다음 식으로 주고 있다.

$$\sigma_1 = I_{15} \cdot (15m/s + a \cdot V_{hub})/(a+1)$$

여기서, σ_1 : 표준편차

V_{hub} : 허브높이에서의 10분간 평균속도(m/s)

$I_{15}(-)$: 풍속 15m/s일 때 난류 강도의 특성치

$a\ (-)$: 경사(傾斜) 파라미터

바람의 난류 특성치를 〈그림 1.3.10〉에 나타낸다. 단, 표준편차는 높이와 무관하다.

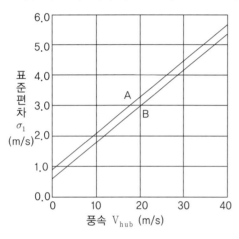 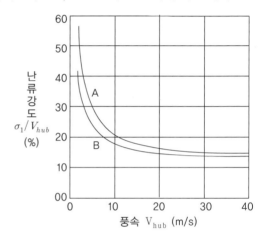

그림 1.3.10 바람의 난류 특성치

난류 주방향성분의 파워 스펙트럼 밀도는, 관성이 작은 영역의 고주파 측에 의해 다음의 식으로 나타낼 수 있다.

$$S_1(f) = 0.05 \cdot (\sigma_1)^2 \cdot (A_1/V_{hub})^{-2/3} \cdot f^{-5/3}$$

$$A_1 = 0.7 \cdot Z_{hub}\ (Z_{hub} < 30m), \quad A_1 = 21m\ (Z_{hub} \geqq 30m)$$

여기서, $S_1(f)$: 주방향성분의 파워스펙트럼 밀도

σ_1 : 표준편차

A_1 : 난류의 척도정수(m)

V_{hub} : 허브높이에서의 10분간 평균속도(m/s)

Z_{hub} : 허브높이(m)

f : 주파수(Hz)

② 극치(極値)풍속의 조건(폭풍상태에서의 피크(peak) 풍속과 풍향 및 풍속의 급격한 변화 등을 포함한 조건)

극치풍속의 조건에는 바람의 난류영향도 포함하고 있으므로 설계계산에는 결정론적인 영향을 고려하는 것만으로도 충분하다.

50년간 및 1년간의 극치풍속모델(EWM)은 WGTS 클래스의 기준풍속에 기초해 아래의 식으로 줄 수 있다.

$$V_{e50}(z) = 1.40 \cdot V_{ref} \cdot (Z/Z_{hub})^{0.11}$$

$$V_{e1}(z) = 0.75 \cdot V_{e50}(z)$$

여기서, V_{e50} : 50년간의 극치풍속(m/s)

　　　　　　　(3초간으로 평균한 최대평균풍속으로 50년 사이에 경험할 것 같은 풍속)

　　　　V_{e1} : 1년간의 극치풍속(m/s)

　　　　　　　(10분간으로 평균한 최대평균풍속으로 1년 사이에 경험할 것 같은 풍속)

　　　　V_{ref} : 기준풍속(m/s)

　　　　Z　 : 지상에서의 높이(m)

　　　　Z_{hub} : 허브높이(m)

1.3.5 파력(波力)

> 해상풍차기초를 설계할 때에는 그 시설이 적절한 내파성(耐波性)을 갖도록 구조 특성에 따른 파력의 영향을 고려한다.

[해설]

해상풍차기초의 구조형식에 따른 파력으로는 연속된 벽체에 작용하는 파력, 해중(海中) 부재에 작용하는 파력, 독립된 벽체에 작용하는 파력, 사석(捨石)이나 블록에 작용하는 파력 등을 생각할 수 있다. 이러한 각종 구조물에 작용하는 파력은 형상·규모·구조의 특성에 따라 다르며, 또 파고의 증대 또는 충격쇄파(衝擊碎波) 등으로 인한 파력의 증대도 우려가 된다. 따라서 해상풍차기초의 설계에서는 구조물의 실상에 맞는 적절한 수리모형실험과 계산식에 의거해 고정도(高精度)로 파력을 설정한다.

[참고]

(1) 기초에 작용하는 파력

기초 구조형식에 따른 파력과 일반적인 산정방법은 다음과 같이 크게 나눌 수 있다.

· 방파제와 같이 연속된 벽체에 작용하는 파력 → 고다(合田)식 등

· 말뚝과 같이 가는 부재에 작용하는 파력 → Morrison식 등

· 교각과 같이 독립된 벽체에 작용하는 파력 → 고다(合田)식, Morrison식 등

· 피복석이나 소파블록에 작용하는 파력 → Hudson식, Bravena·Donnelly식 등

일반적으로 연속된 벽체에서는 중복파(重複波)에서 쇄파(碎波)에 이르는 파력을 고정도(高精度)로 연속해 계산할 수 있는 고다(合田)식이, 파의 진행을 저지하지 않는 말뚝과 같이 파장(L)에 대해 직경(D)이 작은 (D/L<0.2) 해중부재(海中部材)에는 Morrison식이 적용된다. 한편 독립된 벽체에서의 파력 산정에서는 고다(合田)식으로 할지 Morrison식으로 할지에 대해 기본적으로는 D/L<0.2를 고려해 판단할 수 있는데, 전자가 후자보다 파력이 크게 산정되는 경향이 있다. 단, Morrison식으로 산정하는 경우에는 파형(파봉(波峰)의 높이), 수립자의 속도 및 가속도를 정확하게 주는 것과 적절한 항력계수와 관성력계수의 선택이 정도(精度)에 중요한 요인으로 작용한다. 또한 수립자 속도 및 가속도에 대해서는 설계파의 특성에 부합하는 유한진폭파 이론에 의한 산정이 바람직하며, 특히 쇄파가 생길 경우에는 충격적인 파력도 고려할 필요가 있다.

(2) 풍차 타워에 작용하는 파력

풍차 타워의 직경에 대해 기초의 직경이 크고, 그 주위에서 진행파가 쇄파해 타워에 작용하는 파력은 고다(合田) 등에 의한 암초(暗礁) 상의 원주(圓柱) 설계파력에 관한 연구[1]에 따라 다음과 같이 설정할 수 있다.

풍차 타워에 작용하는 쇄파력은 기초 천단(天端)에서 파정(波頂)까지의 타워 투영면적에 고른 분포로서 아래의 식으로 계산된다.

$$p = 0.5 \cdot \rho_0 \cdot g \cdot H_{max}$$

---

[1] 「암초 상의 원주 설계파력에 관한 연구(항만기술연구보고 제11권 제4호, 1972년)」

여기서, p   : 타워에 작용하는 파압강도(kN/m^2)

ρ₀   : 해수(海水)의 단위체적중량(t/m^3)

g   : 중력가속도(m/s^2)

H_{max} : 설계에 사용되는 최고파고(m)

또한 파정고(波頂高)는 아래의 식으로 계산된다.

$$\eta_{max} = \max\{0.75 \cdot H_{max}, [0.55 \cdot H_{max} + 0.7 \cdot (h_c - h)]\} \quad (h_c > h)$$

$$\eta_{max} = 0.75 \cdot H_{max} \quad (h_c \leq h)$$

여기서, η_{max} : 파정고(m)

h_c : 해저에서 기초천단까지의 높이(m)

h   : 전면수심(m)

max{a, b} : a와 b 중 큰 값을 나타낸다.

해상풍차기초의 안정성에 가장 지배적인 파력의 산정방법에 대해 대표적인 계산법을 나타내었으며 그들의 처리 및 기타 산정방법에 대해서는 「항만시설기준」제2편 '설계조건', 제5편 '파력'을 참고하면서 충분한 주의를 기울여 검토하기 바란다.

1.3.6 지진력·동수압

해상풍차기초의 설계에서는 그 시설이 적절한 내진성(耐震性)을 갖도록 지진의 영향을 고려한다.

[해설]

일반적으로 방파제와 같은 해상시설에서는 지진시의 하중이 폭풍시의 파력에 비해 작은 것이 일반적이나, 해상풍차기초와 같이 높은 탑상(塔狀)의 구조물을 갖는 시설에서는 그 규모와 기초의 구조형식에 따라 지진시의 하중이 더 큰 경우도 있다.

따라서 해상풍차기초 설계에서는 구조물 실상에 맞는 적절한 방법으로 지진시의 안정에 대해 계산하는 것을 원칙으로 한다.

[참고]

(1) 지진력

지진력은 기초와 풍차 각각에 대해 산정하고, 기초 전체의 작용력은 이들의 합력(合力)을 사용해 계산할 수 있다.

- 기초구조물의 지진력은 「항만시설기준」 제1편 12.3 진도법 12.4 '설계진도에 따라 level 1 지진동(地震動)'에 상당하는 것으로 하고 진도법으로 설정할 수 있다.
- 풍차구조물의 지진력은, 건축기준법에 기초하는 「연돌(煙突)구조설계시공지침(일본건축센터, 1982년)」 제2장 2.2 (2) '지진력'에 따라 다음과 같이 설정할 수 있다.

지진력에 의해 지상부분의 탑상구조물에 생기는 전단력은 해당 구조물 각 부분의 높이에 따라 아래의 식으로 계산된다.

$$Q_j = C_{sj} \cdot W$$
$$C_{sj} \geq 0.3 \cdot Z \cdot (1 - h_j/H)$$

여기서, Q_j: 탑상구조물 각 부분의 높이에 따른 전단력(kN)

C_{sj}: 탑상구조물 지상부분의 높이방향 응력분포계수

W: 탑상구조물 지상부분의 고정하중과 적재하중의 합(kN)

Z : 건축기준법령 제88조 제1항에 규정하는 Z값(0.7~1.0)

h_j : 탑상구조물 지상부분 각 부분의 지반면에서의 높이(m)

H : 탑상구조물 지상부분 지반면에서의 전체높이(m)

여기서, 탑상구조물과 기초구조물의 접합면에서는 h_j=0이 되며, 가장 위험해지는 Z=1.0이라고 하면 탑상구조물 접합면에서의 전단력은 다음 식으로 표현된다.

$$Q_0 = 0.3 \cdot W$$

여기서, Q_0 : 탑상구조물 접합면에서의 전단력(kN)

W : 탑상구조물 지상부분의 고정하중과 적재하중의 합(kN)

따라서 기초구조물과 탑상구조물 접합면에서의 전단력과 탑상구조물 전체의 지진력이 동등한 것을 고려하면 풍차구조물에 사용하는 설계진도는 0.3 정도를 설정할 수 있다.

• 지진동의 탁월진동주기에 비해 고유진동주기가 긴 구조형식과 감쇠성(減衰性)이 작은 구조형식을 해상풍차기초에 사용해 설계할 경우에는 구조물 전체의 동적응답특성을 고려한 내진성능을 검토하는 것이 바람직하다.

(2) 동수압

동수압은 기초의 구조형식에 따라 다음과 같이 설정할 수 있다.

• 방파제 등과 같은 형식에서는 「항만시설기준」 제1편 14.4.2 '지진시의 동수압'에 따라 설정할 수 있다.
• 독립된 기초와 같은 형식에서는 형상에 따른 부가질량력을 동수압으로서 아래의 식으로 설정할 수 있다.

$$F_{MA} = C_{MA} \cdot \rho_0 \cdot g \cdot V \cdot k_h$$

여기서, F_{MA} : 부가질량력(kN)

　　　　C_{MA} : 부가질량계수

　　　　ρ_0 : 해수의 단위체적중량(t/m^3)

　　　　g : 중력가속도(m/s^3)

　　　　V : 기초 수중부(水中部)의 체적(m^3)

　　　　k_h : 설계진도

02 해상풍차기초의 설계

2.1 기초의 구조형식

해상풍차기초에는 독립기초와 방파제와 같이 다른 기능을 가진 구조물을 기초에 사용하는 경우로 분류할 수 있다. 구조형식으로는 중력식·말뚝식·부체식 등을 들 수 있다.

구조형식을 선정할 때에는 각 구조형식의 특성을 고려해 안전성·경제성·시공성 및 재료입수와 유지관리의 난이도 등을 비교·검토해 결정한다.

[해설]

해상풍차기초는 구조형식에 따라 일반적으로 〈그림 2.1.1〉과 같이 분류된다. 개념도는 〈그림 2.1.2〉 (a), (b)에 나타낸다.

그림 2.1.1 해상풍력기초의 구조 형식

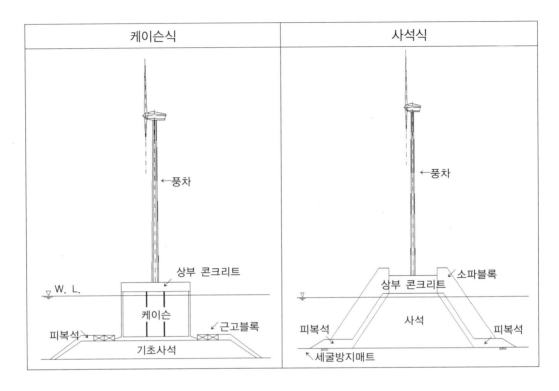

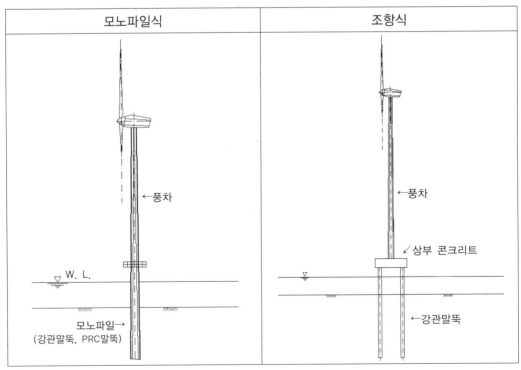

그림 2.1.2(a) 해상풍차기초의 개념도

자켓식	뉴매틱(Pneumatic) 케이슨 식
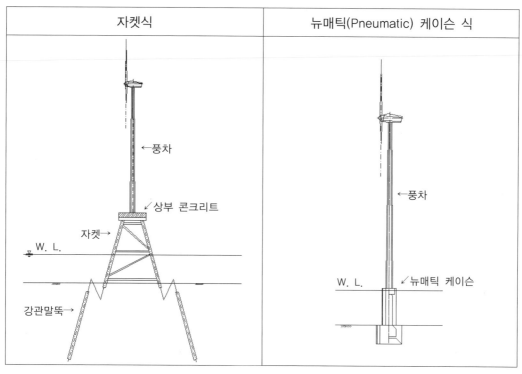	

신설 방파제를 기초로 이용하는 경우	기설 방파제를 기초로 이용하는 경우 (소파블록으로 파력을 저감하는 형식)
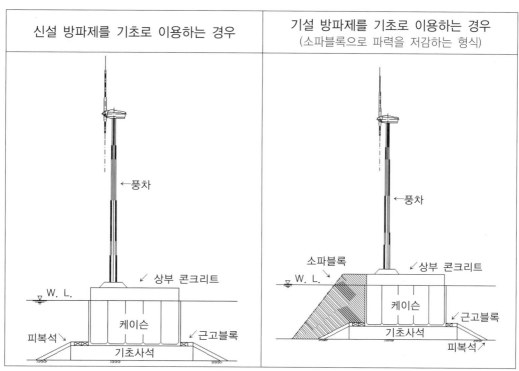	

그림 2.2.1(b) 해상풍력기초의 개념도

[참고]

해상풍차기초의 구조형식은 아래와 같은 특징을 갖고 있다.

(1) 중력식
- 기존공법으로는 실적도 많고 신뢰성이 있다.
- 케이슨 등의 프리캐스트를 사용해 현지 시공을 단축할 수 있다.
- 기초에 작용하는 파력이 지배적이며, 수심 10m 이상의 고파랑 영역에서는 대경(大徑)의 제체(堤體)가 된다.
- 불량한 지반에서는 부등침하나 편심경사로 풍차가 기울어 발전능력이 저하되는 등의 영향이 있다.

(2) 말뚝식
- 대수심의 외해 해양구조물로서 실적이 많고 신뢰성이 있다.
- 설계단계에서 침하나 경사를 미리 예측할 수 있어 풍차에 미치는 영향을 고려할 수 있다.
- 말뚝에 작용하는 파압이 작고 적절한 근입길이를 확보하고 있으면 도괴(倒壞)할 위험성이 작다.
- 조항식과 같이 말뚝의 타설 개수가 많은 것은 현지의 시공 기간이 길어 기상·해상의 영향을 받기 쉽다.
- 프리캐스트 PRC말뚝 구조나 대구경 강관말뚝 구조의 단말뚝(單杭)을 채용함으로써 공기를 단축할 수 있다.
- 부재에 대한 반복피로나 부식 등에 대한 영향을 고려할 필요가 있다.
- 내진성이 좋은 기초 구조의 설계가 가능하다.

(3) 신설 방파제를 기초로 이용하는 경우
- 경제성에서는 매우 유리하다.
- 다른 목적으로 병용되는 시설이므로 피재(被災) 시 리스크(risk) 분담을 명확히 해둘 필요가 있다.
- 방파제의 규모 따라 풍차의 설치대수가 확정된다.
- 방파제 배후의 정온(靜穩)한 영역을 이용한 시공이 가능하다.

・방파제의 구조형식에 따라 그 특징이 다르다.

(4) 기설 방파제를 기초로 이용하는 경우
  ・경제성에서는 매우 유리하다.
  ・다른 목적으로 병용되는 시설이므로 피재(被災) 시 리스크(risk) 분담을 명확히 해둘 필요가 있다.
  ・계획단계에서 기존 방파제의 구조내력을 조사할 필요가 있다.
  ・방파제 배후의 정온(靜穩) 영역을 이용한 시공이 가능하다.
  ・방파제와 육지가 연결되어 있을 경우는 육상의 송전선과 관리통로의 확보가 용이해진다.
  ・방파제의 구조형식에 따라 그 특징이 다르다.

(5) 방파제의 배후를 이용하는 경우
  ・기초에 작용하는 파력이 작아 기초의 규모를 작게 할 수 있다.
  ・방파제와 육지가 연결되어 있을 경우에는 육상의 송전선과 관리통로의 확보가 용이해진다.
  ・방파제 배후의 정온(靜穩) 영역을 이용한 시공이 가능하다.
  ・설치위치는 방파제에 미칠 영향을 고려할 필요가 있다.
  ・특히, 다른 항내 수역의 이용에 대해 조정할 필요가 있다.

2.2 설계시 유의사항

해상풍차기초의 설계에서는 이하의 사항에 유의해야 한다.
  (1) 풍차의 배치
  (2) 풍차의 높이
  (3) 기초 상의 풍차 위치 및 접합
  (4) 풍차의 기울기

[해설]

해상풍차기초를 설계할 때에는 기초 구조형식의 특성을 고려하고, 안정성・경제성・시공성 외에 발전능력에 미치는 영향과 유지관리의 난이도 등에 유의해야 한다. 이하에 해상풍력발전시설로서 설계상 유의해야 하는 사항에 대해 소개한다.

(1) 풍차의 배치

풍차의 배치는 제2장 입지 등의 조사 [참고] (5) '풍차의 도입규모 상정'을 기준으로 하여 수역의 이용상황 (항로·어로·근방의 시설·매설물 등)을 고려해 결정한다. 또 방파제 배후의 수역을 유효하게 이용하기 위해서는 유지관리용 연락교(連絡橋)의 거리나 방파제에서의 월파, 비말(물보라)의 영향에 대해서도 고려해 배치를 검토하는 것이 바람직하다.

(2) 풍차의 높이

풍차의 높이는 높을수록 안정한 바람을 얻을 수 있어 안정적인 발전능력을 갖게 되나, 기초의 안정성은 불리해지고, 또 시공성은 대형 기중기 등을 필요로 하기 때문에 건설비용을 증가시키는 요인이 된다. 한편 기초 전면으로 밀어 닥치는 수괴(水塊)나 비말이 풍차의 블레이드에 튀게 되면 발전능력의 저하나 풍차 파손의 요인이 된다. 따라서 풍차는 안정성, 시공성 및 파도의 처오름 높이 등을 고려해 적절한 발전능력을 확보할 수 있는 높이로 해야 한다.

(3) 기초 상의 풍차 위치 및 접합

기초 위에서의 풍차 위치는 기초 전면에서의 충격쇄파압에 의한 접합부의 안전성과 탁월한 외력에 대해 풍차의 자중에 의한 저항모멘트가 유효하게 기능하는 위치 및 풍차를 설치할 때 기중기의 아웃리치(outreach)와 작업공간 확보 등의 시공성, 월파로 인한 유지관리의 난이도 등을 종합적으로 판단해서 결정한다. 또 풍차와 기초의 접합부는 양자가 일체화되는 구조로 설계해야 한다.

(4) 풍차의 기울기

풍차의 기울기는 타워와 블레이드의 진동특성에 영향을 주는 요인이며, 풍차의 진동은 발전능력과 풍차의 내구성에 영향을 미치기 때문에 기초의 시공 정도(精度)에 따른 기울기 및 부등침하나 편심경사에 의한 기울기에 대해서는 충분히 주의해서 설계한다.

특히 기초의 변상(變狀)과 지진 등으로 타워가 기울어 회전 중인 블레이드가 타워에 접촉할 가능성이 있기 때문에 이상(異常)상태일 경우에도 타워의 기울기를 2~5% 이내로 설계해야 한다.

각 제조회사의 설명에 따르면, 풍차 기울기의 허용치는 일반적으로 설치 시의 연직방향에 대해 0.1~0.3%가 제시된다고 한다. 그러나 이 값은 풍차의 기능이 정지하는 사용한계의 값이 아니기 때문에 설계에서는 이상 상태의 경우를 고려해 풍차 제조회사와 충분히 협의한 후 결정하는 것이 바람직하다.

2.3 중력식 기초의 설계

2.3.1 일반

> 본절에서는 풍차를 설계하는 기초로서, 해상에 독립된 중력식 기초의 표준적인 설계법을 소개한다.

[해설]

본절에서는 해상풍차를 설치하는 기초로서, 콘크리트 단괴식·콘크리트 블록식·케이슨식 등으로 대표되는 중력식 기초가 해상에 독립적으로 있을 때의 표준적인 설계법에 대해 소개한다.

[참고]

중력식 기초의 표준적인 설계순서는 〈그림 2.3.1〉을 참고한다.

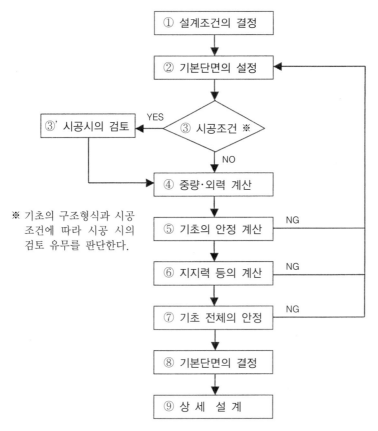

그림 2.3.1 중력식 기초의 설계순서

2.3.2 설계조건의 결정

> 중력식 기초의 설계조건으로는 이하 (1)~(5)의 항목을 고려한다.
> (1) 사회조건 : 근린시설에 미치는 영향, 수역 이용에 대한 고려, 환경에 미치는 영향 등
> (2) 자연조건 : 조위, 바람, 파랑, 수심, 지반, 지진력 등
> (3) 시설조건 : 풍차의 제원, 풍차 배치, 풍차의 기울기, 기초 천단고 등
> (4) 시공조건 : 제작, 운반, 설치 등
> (5) 기   타 : 마찰계수, 단위체적중량, 안전율, 준거기준 등

[해설]

설계조건은 제1장 해상풍차기초 설계에서의 '기본 사항' 및 2.2 '설계에서의 유의사항'에 따라서 결정한다. 또 수치적으로 평가하기 어려운 사회적인 조건도 적극적으로 도입하는 것

이 바람직하다.

2.3.3 기본단면의 결정

> 기본단면은 설계조건에 기초해 몇 가지 구조형식을 선정하고 안정성·경제성·시공성 등을 고려해 그 형상과 규모 및 구조의 수심 등을 설정한다.

[해설]

기본단면은 수심과 지반조건 등의 설계조건에 기초하고 「항만시설기준」제7편 외곽시설 2.4 '구조형식의 선정' 등을 참고해 몇 가지 기본이 되는 구조형식을 선정한다. 선정된 구조형식에 대해서는 안전성·경제성·시공성 등을 평가해 그 형상, 규모 및 구조의 수심 등을 설정한다.

[참고]

중력식 기초의 구조형식은 아래와 같은 특징을 갖고 있다.

(1) 케이슨·셀식
 · 프리캐스트에 의한 시공이 된다.
 · 비교적 깊은 수심까지 적용할 수 있다.

(2) 콘크리트 블록식
 · 프리캐스트에 의한 시공이 된다.
 · 여러 단으로 쌓는 블록방식에 의한 독립 기초에는 무리가 있으므로 단괴(單塊) 블록의 구조가 된다.

(3) 콘크리트 단괴식
 · 현장 수중에서 콘크리트가 타설되어 양생되어 형성된다.
 · 암반질의 지반조건에 적합하다.
 · 깊은 수심에서는 적용하기 어렵다.

(4) 사석·사(捨)블록식

　　· 지반이 안정하고, 정온한 수역에 적용하게 된다.

　　· 깊은 수심에서는 적용하기 어렵다.

2.3.4 시공조건

> 선정한 기본단면에서, 시공할 때 관계되는 구조나 안정성의 검토가 필요할 경우에는 설계조건에
> 시공 시의 조건을 추가하고, 시공할 때와 공용할 때 모두에 대해 검토한다.

[해설]

기초의 구조형식에 따라서는 그 구조가 시공 시의 외력에 의해 결정되는 것, 잠정단면의
안정계산이 필요한 것, 운반 조건에 따라 형상 및 규모가 결정되는 것 등이 있기 때문에
필요에 따라 시공할 때의 구조나 안정 등을 검토해야 한다.

2.3.5 기초중량 및 조건 계산

> 중력식 기초의 안정계산에서는 이하의 자중 및 외력을 고려한다.
> 　(1) 자중 : 기초, 풍차
> 　(2) 풍압력 : 풍차
> 　(3) 반력 및 부력 : 기초, 풍차
> 　(4) 지진력 : 기초, 풍차

[해설]

(1) 상부 콘크리트의 중량을 산정할 때에는 보통 중력식 구조물에서 단위체적중량에 무근
　　(無根)콘크리트 $22.6kN/m^3$를 사용하는 것이 일반적이나 풍차를 설치하는 중력식 기
　　초에 대해서는 상부 콘크리트를 강재로 보강할 필요가 있다. 따라서 상부 콘크리트의
　　단위체적중량은 철근콘크리트 $24.0kN/m^3$로 계산해도 된다.

(2) 풍차에 작용하는 풍압력은 1.3.4 풍하중에 따른다.

(3) 기초 및 풍차에 작용하는 파력은 1.3.5 파력에 따른다

(4) 기초 및 풍차에 작용하는 지진력은 1.3.6 지진력·동수압에 따른다.

(5) 하중의 조합은 〈표 2.3.1〉과 같이 한다.

표 2.3.1 하중의 조합

외력		검토 case	중력식 기초		비고
			폭풍 시	지진 시	
기초		자중	○	○	・폭풍 시는 항외(港外) 방향에서 항내(港內)방향으로 파력과 풍압력을 작용시킨다. ・지진 시는 풍차의 설치위치에 따라 지배적인 방향으로 지진력과 풍압력을 작용시킨다. ・지진 시의 풍속은 지진과 바람의 조우확률을 고려한 후 평균풍속 또는 정격풍속으로 한다.
		파력	○	—	
		지진력	—	○	
풍차		자중	○	○	
	풍하중	폭풍 시 풍속	○	—	
		지진 시 풍속	—	○	
		파력	○	—	
		지진력	—	○	

(6) 기초와 풍차에 작용하는 외력의 개념도를 〈그림 2.3.2〉에 나타낸다.

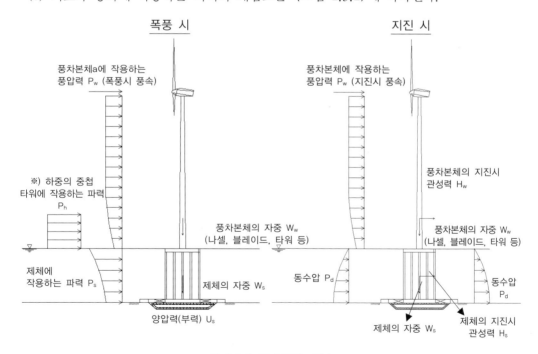

그림 2.3.2 설계외력 개념도

여기서, P_w : 풍차본체에 작용하는 풍압력(풍속은 폭풍 시, 지진 시에 다르다)(kN)

P_h : 풍차타워에 작용하는 파력(kN)

P_s : 기초에 작용하는 파력(kN)

P_d : 기초에 작용하는 지진 시 동수압(kN)

U_s : 기초에 작용하는 양압력(kN)

W_w : 풍차본체(나셀·블레이드·타워)의 유효중량(kN)

W_s : 기초의 유효중량(kN)

H_w : 풍차본체에 작용하는 지진 시 관성력(kN)

H_s : 기초에 작용하는 지진 시 관성력(kN)

※ 다만, 폭풍 시에는 풍압력과 파력의 큰 쪽을 사용하고, 중첩하지 않는다.

2.3.6 기초의 안정계산

> 안정계산은 기초와 풍차를 일체화한 전 체계에 대해서 폭풍 시와 지진 시의 활동(滑動)·전도(轉倒)의 검토를 기본으로 한다.

[해설]

기초의 안정계산은 「항만시설기준」 제7편 2.7 '안정계산'에 따라 검토한다. 또 안전율은 〈표 2.3.2〉에 나타낸 값을 표준으로 한다.

표 2.3.2 안전율

구분	폭풍 시	지진 시
활동	1.2 이상	1.0 이상
전도	1.2 이상	1.1 이상

2.3.7 저면기초의 지지력 및 경사부의 안정계산

> 저면기초의 지지력 및 경사부의 안정성은, 편심경사하중에 대한 활동을 Bishop법으로 검토하는 것을 기본으로 한다.

[해설]

저면기초의 편심경사하중에 대한 활동의 검토는 「항만시설기준」 제5편 2.5 편심경사하중에 대한 지지력에 따라서 Bishop법으로 검토한다. 또 안전율은 폭풍 시, 지진 시 모두 1.0 이상을 표준으로 한다.

[참고]

독립된 원형기초와 같은 임의 형상에 대한 저면반력에 관한 참고자료로는 「건축기초구조설계지침(일본건축학회 1999년)」 및 「철근콘크리트 구조계산규준·동해설(일본건축학회 1999년)」 이 있다.

임의 형상 기초저면에 대해 생각하면, 하중에 편심이 없을 경우에는 아래의 식으로 표현된다.

$$\sigma_{max} = \sigma_{min} = \frac{N}{A}$$

편심이 있을 경우의 접지압(σ_{max}, σ_{min})은 식 1에서 X_n을 구하고, 식 2, 식 3에 대입해 얻을 수 있다.

$$X_n - g + e = \frac{I_n}{S_n} \qquad \text{(식 1)}$$

$$\sigma_{max} = \frac{X_n \cdot N}{S_n} = \alpha \cdot \frac{N}{A} \qquad \text{(식 2)}$$

$$\sigma_{min} = \frac{(X_n - 1) \cdot N}{S_n} = \alpha' \cdot \frac{N}{A} \qquad \text{(식 3)}$$

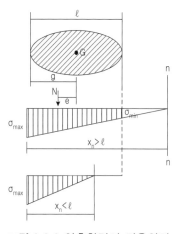

그림 2.3.3 압축합력의 작용위치 (편심거리 e)와 지반에 생기는 접지압(σ_{max}, σ_{min})

여기서, N : 기초저면에 작용하는 합력(kN)

e : 편심거리(m)

l : 저면의 길이(m)

A : 기초의 저면적(m^2)

G : 저면의 도심(図心)

g : 압축단부에서 도심까지의 거리(m)

X_n : 압축 단부에서 중립축 n-n까지의 거리(m)

S_n : 중립축 n-n에 관한 압축측의 단면1차모멘트(m^3)

I_n : 중립축 n-n에 관한 압축측의 단면2차모멘트(m^4)

σ_{max} : 지반에 생기는 최대접지압(kN/m^2)

σ_{min} : 지반에 생기는 최소접지압(kN/m^2)

여기서, α, α'는 하중의 편심이 없는 경우에 비해 저면 단부에서의 접지압 배율로 아래의 식과 같이 표현된다.

$$\alpha = \frac{X_n \cdot A}{S_n}$$
$$\alpha' = \frac{(X_n - 1) \cdot A}{S_n}$$

따라서 기초저면의 형상과 편심 크기에 따라서 이 α, α' 값을 구하면 기초저면에 생기는 접지압을 산정할 수 있다. 또 편심률 $\frac{e}{l}$와 α, α'의 관계는 〈그림 2.2.4〉에 나타나 있다.

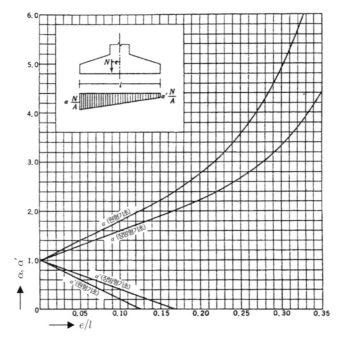

그림 2.2.4 α, α'의 산정도

2.3.8 기초 전체의 안정계산

> 기초 전체의 안정성은 수정 펠레니우스법에 의한 원호 활동(滑動)의 검토를 기본으로 한다.

[해설]

원호 활동의 계산은 「항만시설기준」 제5편 6.2.1 '원호 활동 면에 의한 안정해석'에 따라서 수정 페레니우스법으로 검토한다. 또 안전율은 폭풍 시 1.2 이상, 지진 시 1.0 이상을 표준으로 한다.

2.3.9 사석 마운드

> 사석 마운드는 수심이 매우 깊은 곳이나 파(波)가 작은 곳에서 안정계산상, 사석의 중량이 충분할 경우 이외에는 근고방괴(根固方塊) 등을 설치해 사석부의 세굴을 방지하는 것이 바람직하다.

[해설]

근고공(根固工) 등을 설치할 경우는 「항만시설기준」 제7편 2.8.2 '혼성제'에 따라서 검토한다.

2.4 말뚝식 기초의 설계

2.4.1 일반

> 본절에서는 풍차를 설치하는 기초로서 말뚝식(杭式) 기초의 표준적인 설계법을 소개한다.

[해설]

본절에서는 해상풍차를 설치하는 기초로서, 모노파일(단말뚝)식·조항식·자켓식으로 대표되는 말뚝식 기초의 표준적인 설계법에 대해 소개한다.

[참고]

말뚝식 기초의 표준적인 설계순서는 〈그림 2.4.1〉을 참고한다.

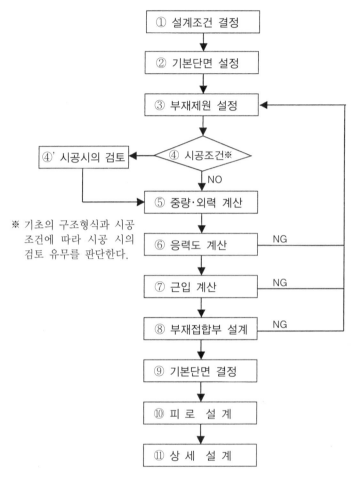

그림 2.4.1 말뚝식 기초의 설계순서

2.4.2 설계조건의 결정

말뚝식 기초의 설계조건으로는 아래 (1)~(5)의 항목을 고려한다.
  (1) 사회조건 : 근린시설에 미치는 영향, 수역이용에 대한 배려, 환경에 미치는 영향 등
  (2) 자연조건 : 조위, 바람, 파랑, 수심, 지반, 지진력 등
  (3) 시설조건 : 풍차의 제원, 풍차 배치, 풍차의 기울기, 기초 천단고 등
  (4) 시공조건 : 제작, 운반, 설치 등
  (5) 기   타 : 마찰계수, 지반스프링계수, 단위체적중량, 안전율, 준거기준 등

[해설]

설계조건은 제1장 해상풍차기초 설계에서의 기본사항 및 2.2 '설계에서의 유의사항' 등에 따라서 결정한다. 또 수치적으로 평가하기 어려운 사회적인 조건도 적극적으로 도입하는 것이 바람직하다.

2.4.3 기본단면의 설정

> 기본단면은 설계조건에 기초해 몇 가지 구조형식을 선정하고 안정성·경제성·시공성 등을 고려해 그 형상과 규모 및 구조의 수심 등을 설정한다.

[해설]

기본단면은 수심과 지반조건 등의 설계조건에 기초하고 「항만시설기준」 제7편 외곽시설 3.1 '구조형식의 선정', 「자켓공법기술 매뉴얼(재단법인 연안개발기술센터, 2000년 1월)」 등을 참고해 몇 가지 기본이 되는 구조형식을 선정한다. 선정된 구조형식에 대해서는 안전성·경제성·시공성 등을 평가해 그 형상, 규모 및 구조의 수심 등을 설정한다.

[참고]

말뚝식 기초의 구조형식은 각각에 대해 이하와 같은 특징이 있다.

(1) 모노파일(단말뚝)식
   ·해상에서의 대구경(大口徑) 중굴(中掘)공법에 의한 시공이 된다.
   ·얕은 곳에 지지층이 있는 지반이 유리하다.
   ·특히, 피로에 대해서는 충분한 검토가 필요하다.
   ·대구경의 강관재가 필요하다(〈표 2.4.1〉 참조).

(2) 조항식
   ·일련의 작업이 대부분 해상에서의 시공이 된다.
   ·얕은 곳에 지지층이 있는 지반이 유리하다.

(3) 자켓식

· 공장 제조의 프리캐스트에 의한 시공이 된다.

· 말뚝의 타설이 비교적 용이하다.

· 모노파일식이나 조항식에 비해 연약지반에 대한 대응도(對応度)가 크다.

· 연성(ductility)이 높고 내진성이 우수하다.

표 2.4.1 강관말뚝 제조법별 치수와 특징   (단위: mm)

제조법	스파이럴 강관	전봉(電縫) 강관	UOE 강관	판권 강관
외 경	400~2,500	318.5~609.6	508.0~1,422.4	350~5,000
판두께	4.5~25.0	4.8~16.1	6.4~38.1	6.0~60.0
소관(素管)의 길이	30,000	18,000	18,000	6,000
특 징	1. 동일한 폭의 강대(鋼帶)에서도 나선권의 각도를 조절함으로써 임의의 외경 관(管)을 얻을 수 있다. 2. 관의 길이는 주행절단기로 자유로운 길이를 얻을 수 있다. 3. 연속적으로 성형·용접이 이루어지므로 용접의 품질이 좋고 높은 정도(진직도, 진원도)를 얻을 수 있다.	1. 외형은 인치 사이즈이다. 2. 외경은 강대건(鋼帶巾)으로 결정되므로 비교적 소경(小徑)의 사이즈가 된다. 3. 용접은 고주파전기 저항으로 이루어져 스트레이트심이 된다. 내외면의 용접비드가 절삭되므로 외관이 좋다.	1. 소재는 후강판(厚鋼板)을 사용. U형, O형으로 성형 후, 용접, 확관(擴管)해서 제조된다. 강관에 고강도나 고인성(高靭性) 등 고품질이 요구되는 것에 적합하다. 2. 롤을 다시 짜는 데 시간이 걸린다. 동일한 치수의 강관을 대량생산하는 데 적합하다.	1. 소재는 후강판(厚鋼板)을 사용. 제조법으로서는 롤밴드, 프레스밴드 방식이 있다. 기본적으로 확관공정은 없다. 2. 성형, 용접방향과 강판의 방향과는 임의이다. 대구경의 경우 강판의 폭방향이 강관의 길이방향이 된다. 3. 대경·후육관(厚肉管, 소경·후육관 등 다종 소량생산에 적합하다.

출처: 「강관말뚝 그 설계와 시공」(강관말뚝협회, 2000년)

2.4.4 부재 재료의 설정

> 부재에 사용하는 재료는 외력, 열화외력, 공용연수, 형상, 시공성, 경제성 및 사용 환경 등을 고려해 적절한 재료를 설정한다.

[해설]

부재에 사용하는 재료는 원칙적으로 「항만시설기준」 제3편 재료에 따른다.

2.4.5 시공조건

> 선정한 기본단면에서, 시공할 때 관계되는 구조나 안정성의 검토가 필요할 경우에는 설계조건에 시공 시의 조건을 추가하고, 시공 시와 공용 시 모두에 대해 검토한다.

[해설]

기초의 구조형식에 따라서는 그 구조가 시공 시의 외력에 의해 결정되는 것, 잠정단면의 안정계산이 필요한 것, 운반 조건에 따라 형상 및 규모가 결정되는 것 등이 있기 때문에 필요에 따라 시공할 때의 구조나 안정 등을 검토해야 한다.

2.4.6 기초중량 및 외력의 계산

> 말뚝식 기초 설계계산에서는 아래의 자중 및 외력을 고려한다.
> (1) 자중 : 기초, 풍차
> (2) 풍압력 : 풍차
> (3) 파력 및 부력 : 기초, 풍차
> (4) 지진력 : 기초, 풍차

[해설]

(1) 풍차에 작용하는 풍압력은 1.3.4 '풍하중'에 따른다.

(2) 기초 및 풍차에 작용하는 파력은 1.3.5 '파력'에 따른다.

    단, 쇄파영역에 위치할 경우에는 충격쇄파력도 고려해 설계한다. 또 구조형식의 형상에 따라서는 양압력의 작용도 생각할 수 있으므로 주의가 필요하다.

(3) 기초 및 풍차에 작용하는 지진력은 1.3.6 '지진력·동수압'에 따른다.

    단, 말뚝구조는 풍차와 일체가 되어 진동하기 때문에 진도법에 의한 진도로는 풍차와 말뚝기초에 같은 값(同値)을 주어도 된다.

(4) 하중의 조합은 〈표 2.4.1〉과 같이 한다.

    단, 운전 시나 지진 시의 공진상태에 대해서도 충분한 검토가 요망된다.

표 2.4.1 하중의 조합

외력	검토 case		말뚝식 기초		비고
			폭풍 시	지진 시	
기초	자 중		○	○	· 폭풍 시 항외방향으로부터 항내방향에 파력·풍압력을 작용시킨다.
	파 력		○	—	· 지진 시 설치위치에 의해 지배적인 방향으로, 지진력·풍압력을 작용시킨다.
	지진력		—	○	· 지진 시의 풍속은 지진과 바람의 조우확률을 고려한 뒤 평균 풍속 또는 정격풍속으로 한다.
풍차	자 중		○	○	
	풍하중	폭풍 시 풍속	○	—	
		지진 시 풍속	—	○	
	파 력		○	—	
	지진력		—	○	

(5) 아래의 〈그림 2.4.2〉는 기초와 풍차에 작용하는 외력의 개념도이다.

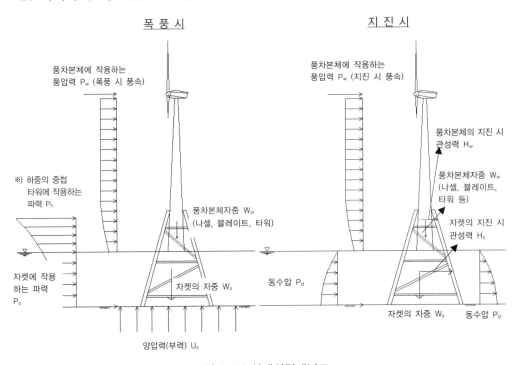

그림 2.4.2 설계외력개념도

여기서, P_w : 풍차본체에 작용하는 풍압력(풍속은 폭풍 시, 지진 시에 다르다)(kN)

P_h : 풍차타워에 작용하는 파력(kN)

P_s : 기초에 작용하는 파력(kN)

P_d : 기초에 작용하는 지진시 동수압(kN)

U_s : 기초에 작용하는 양압력(kN)

W_w : 풍차본체(나셀·블레이드·타워)의 유효중량(kN)

W_s : 기초의 유효중량(kN)

H_w : 풍차본체에 작용하는 지진시 관성력(kN)

H_s : 기초에 작용하는 지진시 관성력(kN)

※ 단, 폭풍 시에는 풍압력과 파력의 큰 쪽을 이용하며 중합하지 않는다.

2.4.7 응력도 계산

응력도의 계산은 해석목적·구조물의 형상·외력상태 등을 고려해 적절히 모델화하고 소정의 허용응력도 이하가 되도록 부재단면과 재질을 결정한다.

[해설]

응력은 「항만시설기준」 제8편 9.5 '말뚝의 설계' 및 「자켓공법 기술 매뉴얼」 4.2 '해석모델'을 참고해 계산하고, 응력은 「자켓공법 기술 매뉴얼」 4.3 '응력조사'에 따라 검토한다. 그리고 허용응력도의 할증률은 폭풍 시, 지진 시 모두 1.5를 표준으로 한다.

2.4.8 근입 계산

말뚝의 근입 계산은 기존의 말뚝식 구조물과 동일한 방법으로 검토한다.

[해설]

말뚝의 근입 계산은 「항만시설기준」 제5편 4.1 '말뚝의 축방향 허용지지력' 제8편 9.5 '말뚝의 설계' 및 「자켓공법 기술 매뉴얼」 제5장 '말뚝의 설계'에 따라 검토한다.

2.4.9 부재의 접합부 계산

부재의 접합부는 하중을 확실하게 전달할 수 있는 구조로 검토한다.

[해설]

부재의 접합부는 기초에 직접 작용하는 하중 이외에 풍차에 작용하는 하중도 확실하게 전
달할 수 있는 구조로 검토한다.

2.4.10 피로설계

> 말뚝식 기초에서는 풍차 운전시의 고유진동과 풍압력, 파력 등에 의해 발생하는 반복응력에 대해
> 필요에 따라 피로설계를 실시한다.

[해설]

피로설계는 「자켓공법 기술 매뉴얼」 4.5 피로설계, 6.3 '강관 격점부(格点部)의 피로조사'
를 참고해 검토한다. 또 피로의 검토기간은 기초의 사용연수·시설조건·시공조건 등을 고
려해 결정한다.

[참고]

해상풍차기초의 피로설계는 파(波)에 대한 피로 외에 풍차 운전 시의 고유진동과 해상풍에
대한 피로를 아울러 검토할 필요가 있다. 현 단계에서는 이들을 종합적으로 평가하는 명확
한 지견이 없으므로 향후 조사·연구가 요망된다.

2.5 신설 방파제를 기초로 이용하는 경우

2.5.1 일반

> 본절에서는 풍차를 설치하는 기초로서, 신설 방파제를 이용하는 경우의 표준적인 설계법을 소개한다.

[해설]

본절에서는 풍차를 설치하는 기초로서, 신규로 계획되어 있는 중력식 방파제를 이용하는
경우의 표준적인 설계법을 소개한다. 2.3 '중력식 기초'와 중복되는 내용은 앞 절을 참고하

기 바란다.

[참고]

중력식 방파제를 이용하는 경우의 표준적인 설계순서는 〈그림 2.5.1〉을 참고한다.

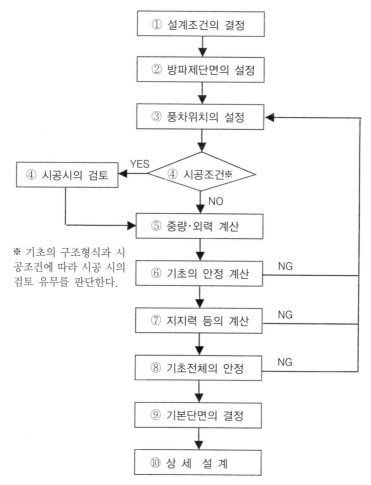

그림 2.5.1 신설 방파제를 기초로 이용하는 경우의 설계순서

2.5.2 방파제의 단면 결정

방파제의 단면은 설계조건에 기초하며, 풍차를 설치하지 않는 단면도 고려해 몇 가지 구조형식을
선정한 후 안정성, 경제성, 시공성 등에서 그 형상과 규모 및 구조의 수심 등을 설정한다.

[해설]

방파제 위에 풍차를 설치할 경우, 풍차설치부의 단면형상(천단고·제체폭·제체 길이 등)은 풍차를 설치하지 않은 단면형상을 고려해 설정하는 것이 바람직하다. 단, 안정계산결과에 의해 풍차설치부의 단면형상을 일부 변경할 경우에는, 제체의 폭·푸팅(footing) 형상 변경 등의 방법으로 적절히 설정한다.

2.5.3 풍차위치의 설정

풍차의 위치는 안정성·시공성·시설의 이용성·경제성 등을 고려해 적절히 설정한다.

[해설]

풍차의 위치는 방파제의 제체 전면에서 충격쇄파압에 대한 풍차 접합부의 안정성, 제체의 저항모멘트로서 유리하게 작용하게 하는 위치, 풍차를 설치할 때의 시공성, 유지관리할 때 월파의 영향 등을 종합적으로 평가해 결정한다. 또 풍차의 설치거리(x)는 제체 법선으로 부터의 거리로서, 〈그림 2.5.2〉에 나타내는 것과 같이 표시한다.

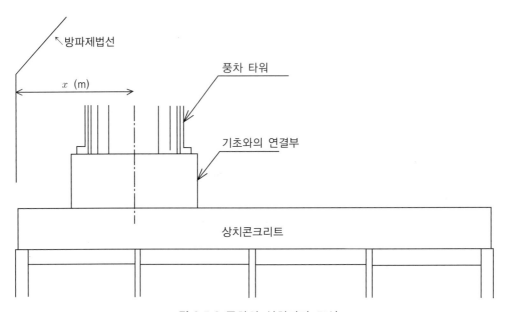

그림 2.5.2 풍차의 설치거리 표시

2.5.4 상부공의 안정계산

기초의 안정계산에서는 풍차를 설치한 상부 콘크리트의 안정성으로서, 또 발생한 하중을 확실히 전달할 수 있는 구조로서 검토한다.

[해설]

풍차의 설치부인 상부 콘크리트는 하중이 확실히 전달될 수 있는 구조로 하며, 제체와 상부 콘크리트에서의 활동, 전도에 대한 안정성을 검토한다.

단, 풍차와 상부 콘크리트의 접합부에 대해서는 적절히 모델화하여 풍차에서의 발생응력을 상부 콘크리트에 확실히 전달할 수 있는 구조로 검토한다.

2.6 기설 방파제를 기초로 이용하는 경우

2.6.1 일반

본절에서는 풍차를 설치하는 기초로서, 기설 방파제를 이용하는 경우의 표준적인 설계법을 소개한다.

[해설]

본절에서는 풍차를 설치하는 기초로서, 이미 설치되어 있는 중력식 방파제를 이용하는 경우의 표준적인 설계법을 소개한다.

2.3 중력식 기초, 2.5 신설 방파제를 기초로 이용하는 경우와 중복되는 내용은 앞 절을 참조하기 바란다.

[참고]

중력식 방파제를 이용하는 경우의 표준적인 설계순서는 〈그림 2.6.1〉을 참고한다.

그리고 그림 속의 ①, ③~⑦에 대해서는 2.3 '중력식 기초'를, ②에 대해서는 2.5 '신설 방파제를 기초로 이용하는 경우'를 참조하기 바란다.

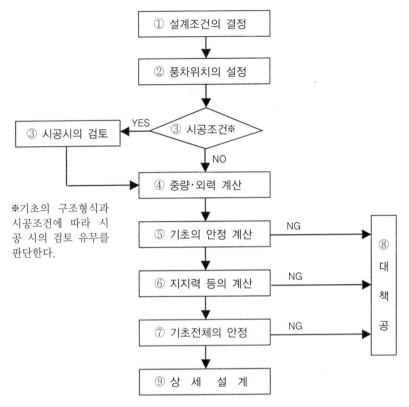

그림 2.6.1 기설 방파제를 기초로 이용하는 경우의 설계순서

(1) 방파제의 안정계산은 파괴안전율에 기초하는 설계법으로 하는 것을 표준으로 하나, 방파제로서의 기능을 저해하지 않는 범위에서 제체에 변형이 허용되는 경우에는 확률론에 기초한 지표를 사용하는 신뢰성 설계법으로 할 수 있다.

신뢰성 설계법에서는 구조물의 목표 안정성을 현지 조건 등의 실상에 맞추어 적절히 평가할 수 있으며 파괴안전율에 기초하는 설계법에 비해 경제적인 설계가 가능한 경우가 있다. 이 때문에 기설 방파제를 기초로 하여 풍차를 설치하는 경우에도 기존의 단면을 안정상 유리하게 평가할 수 있는 경우가 있다.

그러나 그 적용에서는 구조물에 요구되는 기능과 특성을 충분히 파악해 풍차기초가 갖는 특유의 자연환경하중 등에 대해 적절히 설정할 필요가 있다.

(2) 기설 방파제 상부 콘크리트의 부재내력이 부족할 경우에는 상부 콘크리트의 구조를

재검토하고 필요에 따라 새로운 상부 콘크리트를 시공한다.

(3) 특히, 기설 케이슨식 방파제에서는 풍차를 설치하지 않는 상태에서 최적 설계로 되어 있기 때문에 풍차설치로 인한 연직력의 증가, 풍차에 작용하는 풍하중과 파력에 의한 수평력·전도모멘트 등의 증가에 대해 안전율을 충족시키지 못할 경우가 있다.

이와 같은 경우에는 기설 케이슨에 대책공을 실시한 후 다시 안정을 계산해 소요 안전율을 충족시킬 필요가 있다. 또한 세부 설계에서도 저판부(底版部) 등의 부재내력이 부족할 경우가 있기 때문에 주의를 요하며 필요에 따라 보강대책을 강구하는 것이 좋다.

2.6.2 대책공

기초의 안정계산 결과, 소요 안전율을 충족하지 못할 경우에는 적절한 대책공을 실시해 구조상의 안정성을 확보한다.

[해설]

대책공은 안정성·시공성·경제성 등을 고려해 적절한 방법을 선정한다.

[참고]

대책공의 일례로 다음과 같은 방법을 생각할 수 있다.

(1) 상부 콘크리트에 대한 대책공의 예

상부 콘크리트의 활동·전도에 대한 안전율을 충족하지 못할 경우는 상부 콘크리트를 더 높이 쌓아 올려 중량을 늘리는 것으로 안전성을 확보한다.

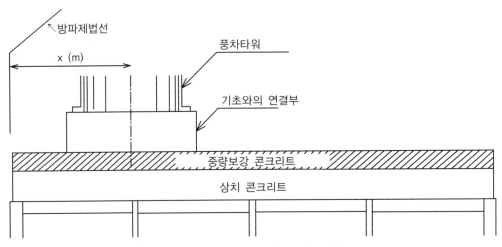

그림 2.6.2 상부콘크리트에 대한 대책공

(2) 기초의 활동(滑動)에 대한 대책공의 예

기초의 활동에 대한 안전율을 충족하지 못할 경우에는 기초의 배후에 뒷채움석 등을 쌓아 활동에 대한 안정성을 확보한다.

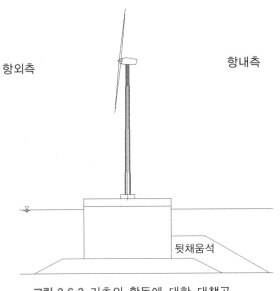

그림 2.6.3 기초의 활동에 대한 대책공

(3) 기초의 전도에 대한 대책공의 예

기초의 전도에 대한 안전율을 충족하지 못할 경우에는 콘크리트 구체(軀體)를 기초 배후에 설치해 전도에 대한 안정성을 확보한다. 또한 전도에 대한 저항성을 높이기 위해서는 기초와 콘크리트 구체의 일체화가 필요하다.

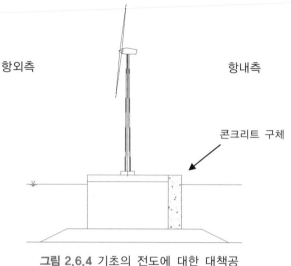

그림 2.6.4 기초의 전도에 대한 대책공

(4) 기초의 지지력 및 경사부에 대한 대책공의 예

편심경사하중에 대한 미끄러짐의 안전율을 충족하지 못할 경우에는 기초 전면에 소파블록 등을 설치하고 배면에는 뒷채움석 등을 채워 안정성을 확보한다. 기초의 전면에 소파블록을 설치할 경우에는 방파제에 작용하는 파력을 저감시키는 효과를 기대할 수 있기 때문에 기초의 구조계산에서 유리해지는 경우가 있다.

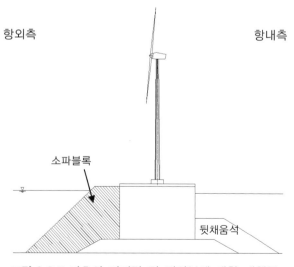

그림 2.6.5 기초의 지지력 및 경사부에 대한 대책공

2.7 기설 방파제 배후에 설치하는 경우

2.7.1 일반

> 기설 방파제 배후에 풍차의 기초를 설치할 경우에는, 방파제에서의 월파나 월류, 방파제 배후로의
> 파(波) 전달 및 전달파의 회절·반사 등의 변형을 감안해 기초의 안정성에 영향을 주는 파(波)를 적
> 절히 설정하는 것을 원칙으로 한다.

[해설]

풍차의 기초를 기설 방파제 배후에 설치할 수 있는 경우에는 방파제에 의한 파랑의 차폐효
과를 기대할 수 있기 때문에 기초 설계 및 시공에서 유리해진다.

단, 방파제의 천단고는 계획조위에 설계파의 처오름 높이를 더한 것에 기초해 결정된 경우
가 많아 일반적으로 월파를 방지하기에 충분한 천단고로는 되어 있지 않다. 그러므로 기초
의 설계 및 풍차 설치위치의 검토에 사용하는 파(波)는 방파제에서의 월파나 월류 및 방파
제 배후에서의 변형을 적절히 고려한 것이어야 한다.

[참고]

일반적으로 월파현상은 비선형성이 매우 강하고 이론해석이 곤란한 점 외에 그들의 특성
이 방파제 형식에 크게 의존하기 때문에, 수괴의 비산분포 등을 상세히 파악하기 위해서는
대상으로 하는 방파제의 형식별로 모형실험 또는 수치파동수로(數值波動水路)[1]에 의한 수
치해석을 실시하는 것이 바람직하다.

단, 일부 방파제형식을 대상으로 한 월파수괴의 비산분포에 대해서는 타카다(高田)[2][3]에
의해 실험적으로 밝혀져 있어 바람의 영향을 받는 월파수괴의 수평 및 수직 비산분포를
구할 경우에 참고할 수 있다.

방파제 등의 장애물로 인해 생기는 회절파는 「항만시설기준」 제2편 4.5.3 '파의 회절'에 따라
고려할 수 있다. 또 인접 구조물 등에 의한 반사파의 영향 및 풍차기초가 인접지역에 미치는
파 반사의 영향에 대해서는 「항만시설기준」 제2편 4.5.4 '파의 반사'에 따라 고려할 수 있다.

---

1) 「수치파동수로의 연구·개발(CADMAS-SURF)」, 『연안개발기술 라이브러리 NO.12』 (재)연안개발기술센터
2) 「해안방파제의 월파의 비산(수평)분포에 대해서」, 高田 彰 『제15회 해안공학 강연회 강연집』 1968, pp. 267-276.
3) 「월파의 비산분포에 미치는 바람의 영향(1)」, 高田 彰 『제16회 해안공학 강연회 강연집』 1969, pp. 277-288.

기설 방파제 배후에 풍차의 기초를 설치할 경우의 구조 예로는 다음에 나타내는 형식을 생각할 수 있다.

(1) 기설 사석 마운드를 이용한 중력식 기초

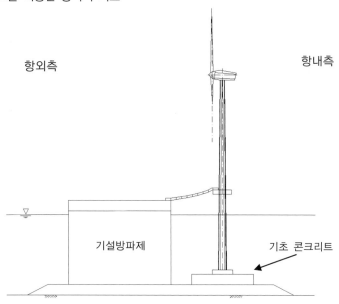

(2) 신설 사석 마운드를 설치한 중력식 기초

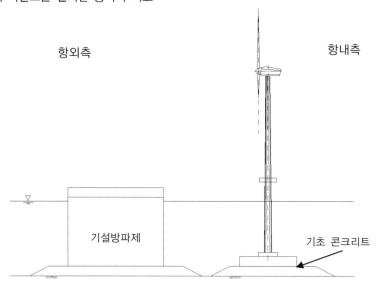

그림 2.7.1(a) 기설 방파제 배후에 설치하는 경우의 일례

(3) 자켓식 기초

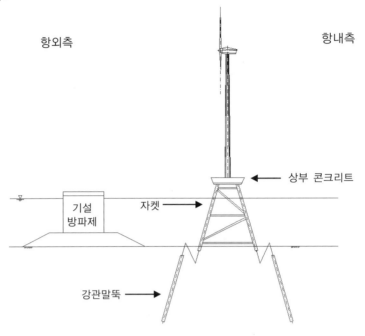

(4) 모노파일(단말뚝)식 기초

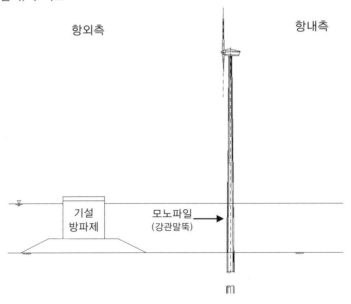

그림 2.7.1(b) 기설 방파제 배후에 설치하는 경우의 일례

03 해상풍차기초의 설계 예

3.1 케이슨식 기초의 설계 예

(1) 설계조건

① 조위(潮位)

H.W.L. : D.L.+0.50m

L.W.L. : D.L.±0.00m

② 파랑

설계파고(H_{max}) : 7.0m

주기(T) : 14.0s

③ 지반

토질 : 사질토

N값 : 20

내부마찰각(φ) : 30°

④ 지진력

a) 풍차기초

설계진도 : k_h = 지반별 진도(B지구) × 지반종별계수(3종지반) × 중요도계수(B급)

= 0.13 × 1.2 × 1.0

= 0.16

b) 풍차본체

설계진도 : k_h = 0.30

⑤ 계획천단고(計劃天端高) (상부공 천단고)

계획천단고 : D.L. +1.50m

⑥ 마찰계수

콘크리트와 사석(捨石)의 마찰계수(μ) : 0.6

⑦ 계획수심

계획수심(h) : D.L. +9.5m

⑧ 소요 안전율

표 3.1.1 소요 안전율

검토항목	파압 시	지진 시
활 동	1.2 이상	1.0 이상
전 도	1.2 이상	1.0 이상
편심경사하중	1.0 이상	1.0 이상
기초전체안전성	1.3 이상	

⑨ 단위체적중량

표 3.1.2 단위체적중량

재료	단위체적중량(kN/m^3)
철근 콘크리트	24.0
무근 콘크리트	22.6
속채움모래	20.0
해수	10.1

⑩ 기타

「항만시설의 기술상 기준·동해설(일본항만협회, 1999년 4월)」에 준거한다.

(2) 풍차 제원

· 풍차출력 : 1.65MW

· 허브 높이 : 60m

· 타워직경(상단) : φ=2.310m (D.L. +60.40m)

· 타워직경(접합부) : φ=2.771m (D.L. +36.00m)

- 타워직경(접합부) : φ=3.483m (D.L.+12.20m)
- 타워직경(하단) : φ=4.025m (D.L.+1.50m)

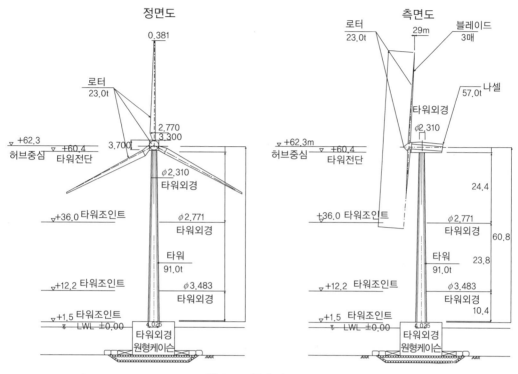

그림 3.1.1 풍차의 구조도

(3) 기초 형상

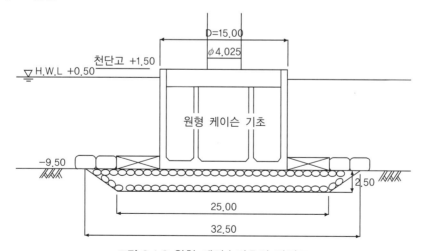

그림 3.1.2 원형 케이슨기초의 단면도

(4) 기초중량 및 풍차 기초부에 작용하는 외력의 산정

① 기초중량

기초중량 : 39,845kN

② 풍차 기초부에 작용하는 외력의 산정

a) 파력 산정법

파력은 다음의 Morrison식을 사용해 산정한다.

$$dF = \frac{1}{2} \cdot C_D \cdot \rho \cdot D \cdot u \cdot |u| \, ds + C_M \cdot \rho_w \cdot A \cdot \frac{\partial u}{\partial t} ds$$

여기서, dF : 기초에 작용하는 단위길이 ds당 파력(kN)

C_D : 항력계수(=1.0)

C_M : 관성력계수(=2.0)

ρ_w : 해수의 밀도(=1.03t/m^3)

u : 파의 수립자 속도(m/s)

D : 기초직경(=15m)

A : 기초단면적(=$\pi \times 15^2/4$m^2)

b) 파력 산정결과

· 최대파력 : F_{max} = 5,869.33kN

· 최대모멘트 : M_{max} = 32,692.04kN·m

c) 기초에 작용하는 부력의 산정

폭풍 시에는 최대파력이 작용할 때의 수위에서 부력을 산정한다.

지진 시에는 설계수위에서 부력을 산정한다.

(폭풍 시)

파정고(η)가 0.91m일 때 최대파력(F_u)이 작용하므로 그때의 부력은 다음과 같이 산정된다.

$$F_u = \frac{\pi \times 15^2}{4} \times (10.0 + 0.91) \times 10.1 = 19,472.36 \text{kN}$$

(지진 시)

H.W.L.일 때의 부력(F_u)은 다음과 같이 산정된다.

$$F_u = \frac{\pi \times 15^2}{4} \times 10.0 \times 10.1 = 17,848.17 \text{kN}$$

d) 지진력의 산정

$$F_h = W \cdot k_h = 39,845 \times 0.16 = 6,375.20 \text{kN}$$

여기서, F_h : 지진력(kN)

　　　　W : 자중(=39,845kN)

　　　　K_h : 설계진도(=0.16)

e) 동수압의 산정

원주의 부가질량력을 동수압으로서 작용시킨다.

$$F_{MA} = C_{MA} \cdot \frac{\pi \cdot D^2}{4} \cdot h \cdot \rho_0 \, g \cdot k_h$$

$$= 1.0 \times \frac{\pi \times 15^2}{4} \times 10.0 \times 10.1 \times 0.16$$

$$= 2,855.71 \text{kN}$$

여기서, F_{MA} 　: 부가질량력(kN)

　　　　C_{MA} 　: 부가질량계수

　　　　D 　　: 기초직경(m)

　　　　h 　　: 설치수심(m)

　　　　$\rho_0 \, g$: 해수의 단위체적중량(=0.1kN/m^3)

　　　　k_h 　　: 설계진도

(5) 풍차 본체에 작용하는 외력의 산정

① 풍차의 자중

풍차본체의 자중은 타워·나셀·블레이드의 중량을 각각 가산해서 구한다.

· 타워의 중량 : 892.44kN

· 나셀의 중량 : 559.00kN

· 블레이드의 중량 : 225.56kN

　합계(W) : 1,677.00kN

풍차의 자중에 의한 모멘트는 다음과 같이 된다.

$$W \cdot x = 1,677.00 \times 7.5$$
$$= 12,577.50 \ kN \cdot m$$

② 풍차에 작용하는 파력

풍차에 작용하는 파력은 1.3.5 '파력'에 따라 다음과 같이 된다.

$$p = 0.5 \cdot \rho_0 \, g \cdot H_{max}$$
$$= 0.5 \times 10.1 \times 7.0$$
$$= 35.35 kN/m^2$$

여기서, p　: 파압(kN/m^2)

$\rho_0 \, g$: 해수의 단위체적중량$(= 0.1kN/m^3)$

H_{max} : 설계파고(m)

또한 파정고의 산정은 다음과 같다.

$h = 10.0m$

$h_c = 11.0m$

$h_c > h$인 경우,

$$\eta_{max} = \max\{0.75 \cdot H_{max}, [0.55 \cdot H_{max} + 0.7 \cdot (h_c - h)]\}$$

$$= \max\{5.25, 4.55\}$$

$$= 5.25m$$

여기서, η_{max} : 파정고(m)

       h_c : 해저면에서 기초천단까지의 높이(m)

       h   : 전면수심(m)

이상으로부터 풍차에 작용하는 파력(P)은 다음과 같이 된다.

$$P = p \times (4.025 + 3.810)/2 \times (\eta_{max} - 1.00)$$

$$= 35.35 \times (4.025 + 3.810)/2 \times (5.25 - 1.00)$$

$$= 588.56kN$$

작용위치(x)는 다음과 같이 산정한다.

$$x = \frac{2 \times 3.810 + 4.025}{3.810 + 4.025} \times \frac{5.25 - 1.00}{3} + 11$$

$$= 13.11m$$

따라서 풍차에 작용하는 파력에 의한 모멘트는 다음과 같이 된다.

$$p \cdot x = 588.56 \times 13.11$$

$$= 7,716.02kN \cdot m$$

③ 폭풍 시의 풍하중

  a) 계산조건

    설계에서 고려되는 최대풍속이 풍차에 작용하는 경우는, 풍차 로터의 회전을 멈추어 발전을 정지한 상태를 상정한다. 내풍속(耐風速)은 「건축기준법시행령」 제87조에 따른다.

ⅰ) 지구(地區)

구분(3)이 지구(地區)의 건설성 대신(建設大臣)이 정하는 풍속 V_0 = 34.0m/s

ⅱ) 지표면 구분

구분 I 도시계획구역 밖에 있어 지극히 평탄하고 장애물이 없다.

ⅲ) 풍하중의 계산범위

타워·블레이드·나셀

ⅳ) 기준면

D.L. +0.50m

b) 속도압의 산출

ⅰ) 타워의 설계에 사용하는 속도압

가) 평균풍속의 높이방향의 분포를 나타내는 계수(E_r)의 계산

H가 Z_b 이하인 경우 : $E_r = 1.7 \cdot (Z_b/Z_G)^\alpha$

H가 Z_b를 초과하는 경우 : $E_r = 1.7 \cdot (H/Z_G)^\alpha$

H : 타워높이(=59.9m, 기준면에서의 거리)

Z_b, Z_G : 표 3.1.3에 나타내는 수치

⟨표 3.1.3⟩에서, Z_G=250, α=0.1, $E_r = 1.7 \cdot (H/Z_G)^\alpha$ = 1.474

표 3.1.3 조도 구분표   ⟨채용한 값⟩

지표면의 조도구분	I	II	III	IV	→	I
Z_b	5	5	5	10	→	5
Z_G	250	350	450	550	→	250
α	0.1	0.15	0.2	0.27	→	0.1

나) 거스트(Gust) 영향계수(G_r)의 산출

⟨표 3.1.4⟩로부터, G_r = 1.8

표 3.1.4 거스트(Gust) 계수

지표면의 조도구분 \ 높이	1 10m 이하	2 10m 초과 40m 미만	3 40m 이상
I	2.0	1과 3에 나타낸 수치를 직선적으로 보간한 수치	1.8
II	2.2		2.0
III	2.5		2.1
IV	3.1		2.3

　　　　다) 속도압 산출에 사용하는 수치(E)의 계산

$$E = E_r^2 \cdot G_r$$

$$= 1.474^2 \times 1.8$$

$$= 3.911$$

　　　　라) 속도압(q)의 계산

$$q = 0.6 \cdot E \cdot V_0^2$$

$$= 0.6 \times 3.911 \times 34.0^2$$

$$= 2,712.67 \text{N}/\text{m}^2$$

　ii) 블레이드·나셀의 설계에 사용하는 속도압

　　　　가) 평균풍속의 높이방향의 분포를 나타내는 계수(E_r)의 계산

$$E_r = 1.7 \cdot (H/Z_G)^\alpha = 1.478$$

　　　　여기서, H : 블레이드·나셀 높이(=61.8m, 기준면에서의 거리)

　　　　나) Gust 영향계수(G_r)의 산출

$$G_r = 1.8$$

　　　　다) 속도압 산출에 사용하는 수치(E)의 계산

$$E = Er^2 \cdot G_r$$

$$= 1.478^2 \times 1.8$$

$$= 3.932$$

라) 속도압(q)의 계산

$$q = 0.6 \cdot E \cdot V_0^2$$

$$= 0.6 \times 3.932 \times 34.0^2$$

$$= 2{,}727.24 N/m^2$$

c) 형상계수

ⅰ) 타워

H/B>8에서 형상계수(C_f)는 다음과 같다.

$$C_{f = 0.9} \cdot k_z$$

표 3.1.5 C_f의 산출

확인	1	2	3
	1 이하인 경우	1 초과, 8 미만인 경우	8 이상인 경우
C_f	$0.7 \cdot k_z$	(1)과 (3)에 나타낸 수치를 직선적으로 보간한 수치	$0.9 \cdot k_z$

여기서, k_z : 〈표 3.1.6〉에 의해 계산한 수치

H : 타워의 높이(m)

B : 타워의 직경(m)

표 3.1.6 k_z의 산출

		k_z
H가 Z_b 이하인 경우		1
H가 Z_b를 초과하는 경우	Z가 Z_b 이하인 경우	$(Z_b/H)^{2x}$
	Z가 Z_b 를 초과하는 경우	$(Z/H)^{2x}$

여기서, Z : 해당부분의 수평면에서의 높이

ⅱ) 나셀·블레이드

　나셀·블레이드는 판상(板狀) 건축물의 형상계수를 사용한다.

$$C_f = 1.2$$

이상의 내용을 정리해 〈표 3.1.7〉에 해당 높이에서의 형상계수 계산결과를 나타낸다.

표 3.1.7 높이별 형상계수

높이 Z(m)	k_z	형상계수 C_f	비고
1.00	0.609	0.548	상부공의 천단고
5.25	0.615	0.554	파압의 천단고
11.70	0.721	0.649	타워의 접합부
35.50	0.901	1.811	타워의 접합부
59.90	1.000	0.900	타워의 상단
61.80	–	1.200	허브의 중심(中心)

d) 풍압력의 계산

　풍압력(W)은 다음과 같다.

$$W = q \cdot C_f$$

여기서, W : 풍압력(kN/m^2)

　　　　C_f : 형상계수

〈표 3.1.8〉에 해당 높이에서의 풍압력 계산결과를 나타내었다.

표 3.1.8 높이별 풍압력

높이 Z(m)	속도압(N/m²)	형상계수 C_f	풍압력 W(N/m²)
1.00	2,712.67	0.548	1,486.54
5.25	2,712.67	0.554	1,502.82
11.70	2,712.67	0.649	1,760.52
35.50	2,712.67	0.811	2,199.98
59.90	2,712.67	0.900	2,441.40
61.80	2,727.24	1.200	3,272.68

e) 풍하중의 산정

　ⅰ) 타워에 작용하는 풍하중

　　풍하중(P)은 다음과 같다.

$$P = W \cdot A$$

여기서, P : 타워에 작용하는 풍하중(kN)

　　　　W : 타워에 작용하는 풍압력(kN/m²)

　　　　A : 타워의 수풍면적(m²)

수풍면적(A)은 다음과 같다.

$$A = (D_1 + D_2) \cdot L/2$$

여기서, D_1 : 상단의 직경(m)

　　　　D_2 : 하단의 직경(m)

　　　　L : 원통형 타워의 길이(m)

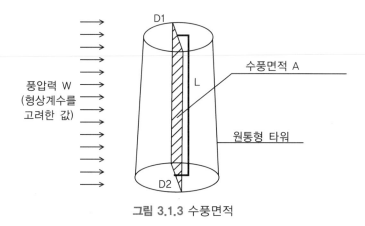

그림 3.1.3 수풍면적

타워에 작용하는 풍하중은 4분할(타워의 접합부와 파압의 천단고)로 나누어 계산한다. 그리고 풍하중을 산정할 때의 풍압력은 그 부재에 작용하는 풍압력 중에서 큰 값을 적용한다.

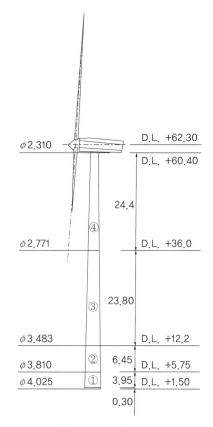

그림 3.1.4 풍차의 개략도

.표 3.1.9 각 부재가 받는 풍하중

기준위치에서의 높이(m)	풍압력 W (N/m²)	직경(m)	간격(m)	수풍면적 (m²)	기호	풍하중 P (kN)
1.00	1,486.54	4.025	4.25	16.65	①	25.02
5.25	1,502.82	3.810	6.45	23.52	②	41.41
11.70	1,760.52	3.483	23.80	74.42	③	163.72
35.50	2,199.98	2.771	24.40	61.99	④	151.34
59.90	2,441.40	2.310				

※ 여기서, ①, ②, ③, ④는 〈그림 3.1.4〉의 구분을 나타낸다.

ii) 나셀·블레이드에 작용하는 풍하중

풍하중은 정전일 때를 가정하여 산출한다. 이것은 상정하는 강풍이 블레이드에 대해 직각으로 작용하는 최악의 상태이다.

본 검토에서, 나셀은 폭풍 시 요 제어에 의해 바람방향이 되며 블레이드는 피치제어에 의해 페더링 상태가 된다. 즉 폭풍 시에는 〈그림 3.1.5〉와 같이 수풍면적이 최소가 되도록 설계되어 있다.

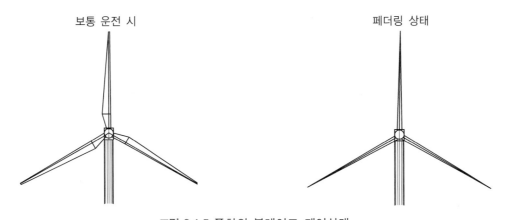

보통 운전 시　　　　　　　　　페더링 상태

그림 3.1.5 풍차의 블레이드 제어상태

그러나 정전 등으로 제어가 불가능해진 상태가 〈그림 3.1.6〉에서 $\theta=90°$인 경우(바로 옆에서 바람을 받는 경우)이다. 이 상태가 될 가능성은 매우 낮으나 과거에 유사한 사고 예가 있었기 때문에 이번 계산에서는 이 상태를 적용한다.

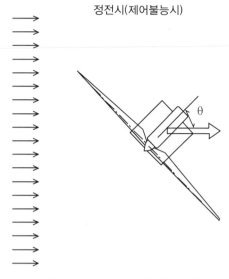

정전시(제어불능시)

그림 3.1.6 풍차의 제어불능상태

· 나셀의 단면적 : 43.9m^2

· 블레이드의 단면적 : 77.8m^2

따라서 풍하중(P)은 다음과 같다.

$$P = W \cdot A$$

$$= 3,272.68 \times (43.9 + 77.8)/1,000$$

$$= 398.29\text{kN}$$

여기서, P : 나셀·블레이드에 작용하는 풍하중(kN)

W : 나셀·블레이드에 작용하는 풍압력(kN/m^2)

A : 나셀·블레이드의 수풍면적(m^2)

f) 풍차에 작용하는 모멘트의 산정

이상의 결과를 사용해서 모멘트를 구한다. 작용위치는 상부공의 천단고를 원점으로 한다. 작용점 위치 y를 구하는 방법은 아래와 같다.

$$y = (2a + b) \cdot h/\{3 \cdot (a + b)\}$$

산정결과를 〈표 3.1.10〉에 나타낸다.

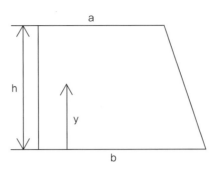

그림 3.1.7 중심도(重心圖)

표 3.1.10 모멘트

부재	풍하중 P(kN)	작용위치 y(m)	모멘트 M(kN·m)
①	25.02	2.11	52.79
②	41.41	7.43	307.68
③	163.72	22.15	3,626.40
④	151.34	46.33	7,011.58
나셀·블레이드	398.29	60.80	24,216.03

여기서 파력이 작용하는 부분에 대해서는 파압과 풍압 중 큰 쪽을 사용하며, 2개를 중합하지 않는다. 이를 염두에 두고 ① 부분에 대해 검토하면 파압 쪽이 크기 때문에 파압의 값을 선택한다. 〈표 3.1.11〉에 풍하중과 모멘트를 나타낸다.

표 3.1.11 풍하중과 모멘트

부재	풍압 (kN/m²)	파압 (kN/m²)	풍하중 (kN)	풍하중의 모멘트 (kN·m)
①	1.50	35.35	—	—
②	1.76	—	41.41	307.68
③	2.20	—	163.72	3,626.40
④	2.44	—	151.34	7,011.58
나셀·블레이드	3.27	—	398.29	24,216.03
합 계	—	—	754.76	35,161.69

g) 풍차 기초부의 설계에 사용하는 하중

　i) 풍하중

$$P = 754.76\text{kN}$$

　ii) 풍하중의 모멘트

　　가) 풍차 설치부분 주위 (D.L.+1.50m)

$$M_u = 35,161.69\text{kN} \cdot \text{m}$$

　　나) 기초하단 주위 (D.L.−9.50m)

$$M_d = 754.76 \times (35,161.69/754.76 + 1.50 + 9.50)$$

$$= 43,464.05\text{kN} \cdot \text{m}$$

④ 지진 시의 하중

　a) 계산조건

　　지진 시의 풍하중은 정격 풍속일 때(풍속 V=17m/s)로 한다.

　　정격 풍속일 때의 풍하중은 다음과 같다.

$$P = q \cdot c \cdot A$$

　　여기서, P : 풍하중(N)

　　　　　　q : 속도압(N/m^2)

　　　　　　c : 풍력계수(타워 : 0.7…원통형, 나셀·블레이드 : 1.2…판상)

　　　　　　A : 수풍면적(m^2)

　b) 속도압

　　속도압은 「크레인 구조규격(노동성고시 제53호 1976년 9월)」을 사용해 계산한다.

$$q = V^2/30 \cdot \sqrt[4]{h}$$

　　여기서, q : 속도압 (kgf/m^2)

　　　　　　V : 풍속 (m/s)

$$h \ : \ 기준이 \ 되는 \ 위치에서의 \ 높이(m) \ (기준면 \ : \ D.L.\pm0.00m)$$

- D.L.+1.50m : $q = 17^2/30 \times \sqrt[4]{1.500} = 10.66 \mathrm{kgf/m^2}$
- D.L.+12.20m(타워의 접합부) : $q = 17^2/30 \times \sqrt[4]{12.20} = 18.00 \mathrm{kgf/m^2}$
- D.L.+36.00m(타워의 접합부) : $q = 17^2/30 \times \sqrt[4]{36.00} = 23.60 \mathrm{kgf/m^2}$
- D.L.+60.40m(타워의 상단) : $q = 17^2/30 \times \sqrt[4]{60.40} = 26.86 \mathrm{kgf/m^2}$
- D.L.+62.30m(허브의 중심) : $q = 17^2/30 \times \sqrt[4]{62.30} = 27.06 \mathrm{kgf/m^2}$

속도압은 포물선 분포(곡선분포)로서 작용한다. 계산치에는 부재에 대해 속도압이 큰 쪽의 값을 적용하고 등분포하중으로서 작용시킨다.

- D.L.+1.50m ~ D.L.+12.20m : $q = 18.00 \mathrm{kgf/m^2}$
- D.L.+12.20m ~ D.L.+36.00m : $q = 23.60 \mathrm{kgf/m^2}$
- D.L.+36.00m ~ D.L.+60.40m : $q = 26.86 \mathrm{kgf/m^2}$
- D.L.+60.40m ~ D.L.+62.30m : $q = 27.06 \mathrm{kgf/m^2}$

c) 나셀·블레이드에 작용하는 풍하중

풍차 제조회사 제시하는 정격운전일 때의 값을 아래에 나타낸다.

$$P_1 = F_y = 228 \mathrm{kN}$$

크레인 구조규격의 속도압을 사용해 계산하면 다음과 같이 된다.

$$P_1 = q \cdot c \cdot A$$
$$= 27.06 \times 1.2 \times 167.70$$
$$= 5,445.55 \mathrm{kgf} = 53.40 \mathrm{kN}$$

여기서, P_1 : 나셀·블레이드에 작용하는 풍하중(kgf)
q : 나셀·블레이드에 작용하는 속도압(kgf/m²)
c : 나셀·블레이드의 풍력계수(=1.2)
A : 나셀·블레이드 수풍면적(=167.70m²)

크레인 구조규격의 풍하중 계산은 대상물체가 정지해 있는 것을 전제로 하고 있어 풍차 운전 시와 같이 블레이드가 회전하고 있는 상태에서의 외력산정은 고려하고 있지 않다.

또한 제조회사가 제시하는 값이 크레인 규격으로 계산한 값보다 크기 때문에 제조회사가 제시하는 값을 나셀·블레이드에 작용하는 풍하중으로 한다.

풍하중(수평력) : $P_1 = 228.00 kN$

풍차 설치부분을 기준점으로 한 작용위치 : D.L.+1.50에서의 거리 Z=60.8m

모멘트 : $M_1 = P_1 \cdot Z = 228.00 \times 60.80 = 13{,}862.40 kN \cdot m$

d) 타워에 작용하는 풍하중

$$P_2 = q \cdot c \cdot A = q \cdot c \cdot D \cdot L$$

여기서, P_2 : 타워에 작용하는 풍하중(tf)

q : 타워에 작용하는 속도압(kgf/m^2)

c : 타워의 풍력계수(=0.7)

A : 타워의 수풍면적(m^2)

D : 타워의 직경(m)

L : 간격(m)

표 3.1.12 풍하중과 모멘트

표고 (D.L.) (m)	속도압 q (kgf/m^2)	타워의 직경 (m)	형상 계수 c	간격 L (m)	풍하중 P_2 (tf)	기준위치에서의 도심(図心)까지 거리(m)	기준위치에서의 모멘트 (tf·m)
+60.40	28.86	2.310					
+36.00	23.60	2.771		24.40	1.166	46.33	54.02
+12.20	18.00	3.483	0.7	23.80	1.229	22.15	27.22
				10.70	0.506	5.22	2.64
+1.50	18.00	4.025					
합 계					2.901	—	83.88

주) 기준위치는 상부공의 천단고

$$\sum P_2 = \quad 2.901\mathrm{tf} \quad = 28.46\mathrm{kN}$$

$$\sum M_2 = 3.88\mathrm{tf} \cdot \mathrm{m} = 822.86\mathrm{kN} \cdot \mathrm{m}$$

e) 풍차 기초부의 설계에 사용되는 하중

ⅰ) 풍하중

$$P = P_1 + \sum P_2 = 228.00 + 28.46$$

$$= 256.46\mathrm{kN}$$

ⅱ) 풍하중의 모멘트

가) 풍차 설치부분 주위 (D.L. +1.50m)

$$M_u = M_1 + M_2 = 13,862.40 + 822.86$$

$$= 14,685.26\mathrm{kN} \cdot \mathrm{m}$$

나) 기초 하단부분 주위 (D.L. −9.50m)

$$M_d = 256.46 \times (14,685.26/256.46 + 1.50 + 9.50)$$

$$= 17,506.32\mathrm{kN} \cdot \mathrm{m}$$

⑤ 풍차에 작용하는 지진력

풍차에 작용하는 지진력 및 모멘트는 설계진도(k_h)가 0.30이므로 〈표 3.1.13〉에 나타낸 것과 같이 된다.

표 3.1.13 풍차에 작용하는 지진력 및 모멘트

명 칭	자중 W (kN)	지진력 W_h (kN)	작용위치 y (m)	모멘트 $W_h \cdot y$(kN·m)	비 고
타워	892.44	267.73	37.79	10,117.52	※ 기준위치는 기초 하단
나셀	559.00	167.70	71.80	12,040.86	
블레이드	225.56	67.67	71.80	4,858.71	
합 계	1,667.00	503.10	53.70	27,017.09	

⑥ 작용외력의 정리

작용외력을 이하에 정리한다.

a) 폭풍 시

기초 및 풍차에 작용하는 외력과 작용위치는 〈표 3.1.14〉 (a), (b)와 같다.

표 3.1.14(a) 연직력 및 저항모멘트의 총괄(폭풍 시)

	연직력 F_x(kN)	작용위치 x(m)	저항모멘트 M_x(kN·m)
기초자중	39,845.00		298,837.50
기초부력	−19,472.36	7.50	−146,042.70
풍차자중	1,677.00		12,577.50
합 계	22,049.64	7.50	165,372.30

표 3.1.14(b) 수평력 및 전도모멘트의 총괄(폭풍 시)

	수평력 F_y(kN)	작용위치 y(m)	전도모멘트 M_y(kN·m)
기초파력	5,869.33	5.57	32,692.04
풍차파력	588.56	13.11	7,716.02
풍차풍력	754.76	57.59	43,464.05
합 계	7,212.65	11.63	83,872.11

b) 지진 시

기초 및 풍차에 작용하는 외력과 작용위치는 〈표 3.1.15〉 (a), (b)와 같다.

표 3.1.15(a) 연직력 및 저항모멘트의 총괄(지진 시)

	침식력 F_x(kN)	작용위치 X(m)	저항모멘트 M_x(kN·m)
기초자중	39,845.00		298,837.50
기초부력	−17,848.17	7.50	−133,861.28
풍차자중	1,677.00		12,577.50
합 계	23,673.83	7.50	177,553.72

표 3.1.15(b) 수평력 및 전도모멘트의 총괄(지진 시)

	수평력 F_y(kN)	작용위치 y(m)	전도모멘트 M_y(kN·m)
기초지진력	6,375.20	5.50	35,063.60
기초동수압	2,885.71	5.00	14,278.55
풍차지진력	503.10	53.70	27,017.09
풍차풍력	256.46	68.26	17,506.32
합 계	9,990.47	9.40	93,865.56

(6) 풍차기초의 안정설계

활동 및 전도의 안전율은 아래의 식으로 산정한다.

· 활동에 대한 안정

$$F_s = \frac{\mu \cdot \sum F_y}{\sum F_x}$$

여기서, $\sum F_x$: 연직력의 합력
μ : 마찰계수(=0.6)
$\sum F_y$: 수평력의 합력

· 전도에 대한 안정

$$F_s = \frac{\sum M_y}{\sum M_x}$$

여기서, $\sum M_x$: 연직력에 의한 모멘트의 합
$\sum M_y$: 수평력에 의한 모멘트의 합

① 폭풍 시
· 활동에 대한 안정

$$F_s = \frac{\mu \cdot \sum F_y}{\sum F_x}$$

$$= \frac{0.6 \times 22,049.64}{7,212.65}$$

$$= 1.83 > 1.20 \quad (\text{OK})$$

· 전도에 대한 안정

$$F_s = \frac{\sum M_y}{\sum M_x}$$

$$= \frac{165,372.30}{83,872.11}$$

$$= 1.97 > 1.20 \quad (\text{OK})$$

② 지진 시

· 활동에 대한 안정

$$F_s = \frac{\mu \cdot \sum F_y}{\sum F_x}$$

$$= \frac{0.6 \times 23,673.83}{9,990.47}$$

$$= 1.42 > 1.00 \quad (\text{OK})$$

· 전도에 대한 안정

$$F_s = \frac{\sum M_y}{\sum M_x}$$

$$= \frac{177,553.72}{93,865.56}$$

$$= 1.89 > 1.20 \quad (\text{OK})$$

(7) 편심경사하중에 의한 지반 지지력에 대한 안정성

원형기초에서의 저면반력은 2.3.7 '기초의 지지력 및 경사부 안정의 검토'에 따라 산정한다.

① 폭풍 시

편심거리는 다음과 같다.

$$e = \frac{D}{2} - \frac{M_y - M_x}{F_y}$$

$$= \frac{15}{2} - \frac{165,372.30 - 83,872.11}{22,049.64}$$

$$= 3.80\text{m} > 1.9\text{m} \ (= 1/8 \cdot D)$$

여기서, e : 편심거리(m)

　　　　 D : 기초의 직경(m)

따라서 저면반력은 삼각형 분포가 된다.

$$\frac{e}{D} = \frac{3.80}{15} = 0.253$$

그림 2.2.4로부터 원형기초의 접지압계수(α)는 3.60이 된다.

$$P_1 = \alpha \cdot \frac{F_y}{\pi \cdot D^2/4}$$

$$= 3.60 \times \frac{22,049.64}{\pi \cdot 15^2/4}$$

$$= 449.19\text{kN/m}^2$$

$$b' = \frac{M_y - M_x}{F_y}$$

$$= \frac{165,372.30 - 83,872.11}{22,049.64}$$

$$= 3.70\text{m}$$

여기서, P_1 : 최대저면반력(kN/m²)

α : 원형기초의 접지압계수

b' : 분포폭(m)

중립축까지의 거리(x_n)는 「연돌구조설계시공지침(일본건축센터)」의 기초설계 예를 참조해 아래의 식으로 산정한다.

$$\frac{e}{D} = \frac{1}{8} \cdot \frac{\frac{1}{3} \cdot \sin^3\theta \cdot \cos\theta - \frac{1}{2} \cdot (\theta - \sin\theta \cdot \cos\theta)}{\frac{1}{2} \cdot \cos\theta \cdot (\theta - \sin\theta \cdot \cos\theta) \cdot \frac{1}{3} \cdot \sin^3\theta} = 0.253$$

$$\theta = 103°$$

$$x_n = \frac{D}{2} \cdot (1 - \cos\theta)$$

$$= \frac{15}{2} \cdot (1 - \cos 103°)$$

$$= 9.19m$$

$$b = x_n = 9.19m$$

연직등분포하중(q)은 다음과 같다.

$$q = \frac{P_1 \cdot b}{4b'} = \frac{449.19 \times 9.19}{4 \times 3.70}$$

$$= 278.92kN/m^2$$

작용폭(x)은 다음과 같다.

$$x = 2 \cdot b' = 2 \times 3.70$$

$$= 7.40m$$

단위깊이 당 수평력($F_y{'}$)은 다음과 같다.

$$F_y' = F_y/D = 7,212.65/15$$

$$= 480.84 \text{kN/m}$$

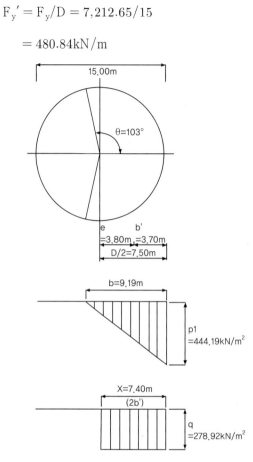

그림 3.1.8 편심경사하중의 지지력(폭풍 시)

② 지진 시

편심거리는 다음과 같다.

$$e = \frac{D}{2} - \frac{M_y - M_x}{F_y}$$

$$= \frac{15}{2} - \frac{177,553.72 - 93,865.56}{23,673.83}$$

$$= 3.96 \text{m} > 1.9 \text{m} \ (= 1/8 \cdot D)$$

여기서, e : 편심거리(m)

　　　　D : 기초의 직경(m)

따라서 저면반력은 삼각형분포가 된다.

$$\frac{e}{D} = \frac{3.96}{15} = 0.264$$

〈그림 2.2.4〉로부터, 원형기초의 접지압계수(α)는 3.91이 된다.

$$P_1 = \alpha \cdot \frac{F_y}{\pi \cdot D^2/4}$$

$$= 3.91 \times \frac{23,673.83}{\pi \cdot 15^2/4}$$

$$= 523.81 \text{kN}/\text{m}^2$$

$$b' = \frac{M_y - M_x}{F_y}$$

$$= \frac{177,553.72 - 93,865.56}{23,673.83}$$

$$= 3.54 \text{m}$$

여기서, P_1 : 최대저면반력(kN/m^2)

α : 원형기초의 접지압계수

b' : 분포폭(m)

중립축까지의 거리(x_n)는 「연돌구조설계시공지침(일본건축센터)」의 기초설계 예를 참조하여 아래의 식으로 산정한다.

$$\frac{e}{D} = \frac{1}{8} \cdot \frac{\frac{1}{3} \cdot \sin^3\theta \cdot \cos\theta - \frac{1}{2} \cdot (\theta - \sin\theta \cdot \cos\theta)}{\frac{1}{2} \cdot \cos\theta \cdot (\theta - \sin\theta \cdot \cos\theta) \cdot \frac{1}{3} \cdot \sin^3\theta} = 0.264$$

$$\theta = 99°$$

$$x_n = \frac{D}{2} \cdot (1 - \cos\theta)$$

$$= \frac{15}{2} \cdot (1 - \cos 99°)$$

$$= 8.67 \text{m}$$

$$b = xn = 8.67m$$

연직등분포하중(q)은 다음과 같다.

$$q = \frac{P_1 \cdot b}{4b'} = \frac{523.81 \times 8.67}{4 \times 3.54}$$

$$= 320.72 kN/m^2$$

작용폭(x)은 다음과 같다.

$$x = 2 \cdot b' = 2 \times 3.54$$

$$= 7.08m$$

단위깊이당 수평력(F_y')은 다음과 같다.

$$F_y' = F_y/D = 9,990.47/15$$

$$= 666.03 kN/m$$

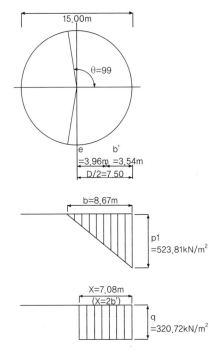

그림 3.1.9 편심경사하중의 지지력(지진 시)

③ 편심경사하중에 대한 지지력 검토

편심경사하중에 대한 지지력은 Bishop법으로 검토한다.

(폭풍시) F_s = 1.26 > 1.00 (OK)

(지진시) F_s = 1.12 > 1.00 (OK)

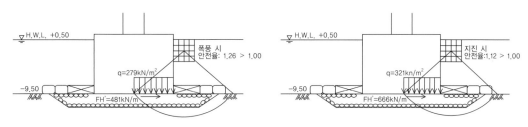

그림 3.1.10 Bishop법에 의한 지지력 검토

(8) 기초 전체의 안전성

기초 전체의 안전성은 수정 펠레니우스법에 의한 원호(圓弧) 활동 계산으로 검토한다.

F_s = 2.28 > 1.30 (OK)

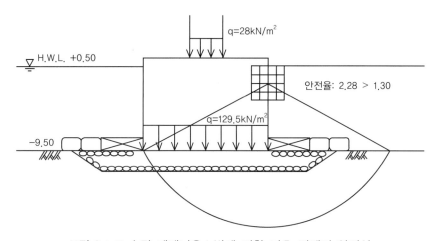

그림 3.1.11 수정 페레니우스법에 의한 기초 전체의 안정성

(9) 검토결과

안정성의 검토결과는 〈표 3.1.16〉과 같다.

표 3.1.16 안정성의 검토결과

검토항목	폭풍 시	지진 시
활동	1.83>1.20(OK)	1.42>1.00(OK)
전도	1.97>1.20(OK)	1.89>1.10(OK)
지반지지력	1.26>1.00(OK)	1.12>1.00(OK)
기초전체	2.28>1.30(OK)	

3.2 모노파일식 기초의 설계 예

(1) 설계조건

① 조위

　　H.W.L : D.L.+0.50m

　　L.W.L : D.L.+0.00m

② 계획수심

　　설계수심 : D.L.+10.00m

③ 설계파랑

　　최대파고 (H_{max}) : 7.00m

　　주기(T) : 14.0s

④ 지반

　　D.L.-10.00m~D.L.-25.00m : 사질토, N값 = 20

　　D.L.-25.00m~D.L.-40.00m : 점성토, c값 = $80kN/m^2$

　　D.L.-40.00m~ : 사질토(지지층), N값 = 50

⑤ 설계진도

　　k_h = 0.30

⑥ 부착해양생물(marine growth)

　　해면~해저면의 범위에서 말뚝체(杭体) 외측 50mm의 고른 분포로 한다.

⑦ 단위체적중량

표 3.2.1 단위체적중량

재료	단위체적중량(kN/m^3)
강재	77.0
해수	10.1

⑧ 허용응력도의 할증

폭풍시 : 1.00

지진시 : 1.50

(2) 검토 모델의 개략도

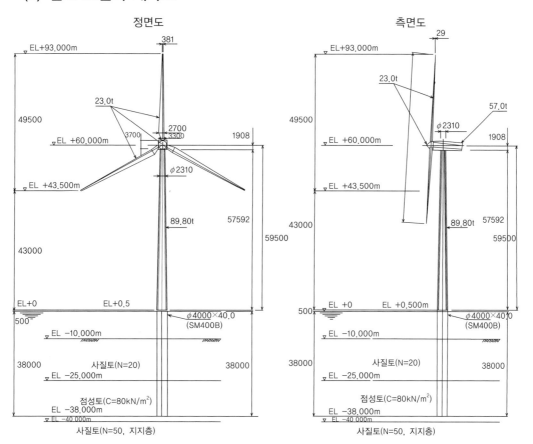

정면도 · 측면도

그림 3.2.1 모델의 개략도

표 3.2.2 모노파일식 기초의 제원

수심(m)	10.0
직경(mm)	4000
두께(mm)	40
재질	SM400
근입 길이(m)	28.0
$3/\beta$ (m)	27.3

(3) 지반의 모델화

검토할 때에 지반은 다음과 같이 가정하였다.

① 수평방향

지반 내의 말뚝에는, 「항만시설기준」 제8편 계류시설 9.5.2 '횡방향 지반반력계수'에 준거하여 다음 식의 선형 스프링이 작용하는 것으로 생각한다.

$$k_h = 1.5 \cdot N$$

여기서, k_h : 지반반력계수(N/cm^3)

N : N값

② 연직방향

말뚝이 충분한 지지력으로 지지되는 것은 (7)④의 지지력 조사를 통해 명백하므로 말뚝 선단(先端)에서 핀으로 지지되고(pinned support) 있는 것으로 생각한다.

(4) 풍차하중

풍차로부터 기초에 전달되는 풍하중은 1.65MW 풍력발전기에 의한 하중을 고려한다.

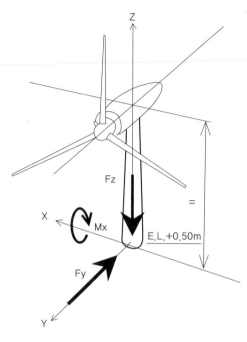

그림 3.2.2 풍차하중

풍하중의 계산조건은 3.1 케이슨식 기초의 설계 예 (5)에 준해 외력을 산출하였으며, 그 계산결과를 〈표 3.2.3〉에 나타낸다.

표 3.2.3 풍차하중 일람

하중의 작용위치 E.L.+0.5m			
높이(H)			59.5m
연직하중(F_z)			−1665kN
수평하중(Fy)	폭풍시	풍력	−732kN
		파력	−489kN
	지진시	풍력	−255kN
		관성력	−500kN
전도모멘트(Mx)	폭풍시	풍력	33848kN·m
		파력	1294kN·m
	지진시	풍력	14342kN·m
		관성력	20868kN·m

(5) 설계파력

말뚝체(杭体) 및 풍차 타워부에 작용하는 파력은 Morrison식을 사용해 산출한다.

$$dF = \frac{1}{2} \cdot C_D \cdot \rho_w \cdot D \cdot u \cdot |u| \, ds + C_M \cdot \rho_w \cdot A \cdot \frac{\partial u}{\partial t} ds$$

여기서, dF : 부재에 작용하는 단위길이 ds당 파력(kN)

C_D : 항력계수(=1.0)

C_M : 관성력계수(=2.0)

ρ_w : 해수의 밀도(=1.03t/m³)

u : 파의 수립자 속도(m/s)

D : 부재의 직경(m)

A : 부재의 단면적(m²)

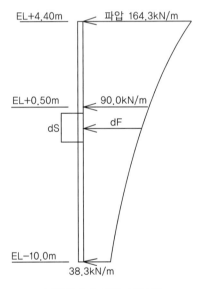

그림 3.2.3 파압 분포도

(6) 하중의 조합

하중의 조합은 다음의 2가지 방법에 대해 검토한다.

Case 1 : 자중 + 부력 + 폭풍 시 풍차하중 + 폭풍 시 파력

Case 2 : 자중 + 부력 + 지진 시 풍차하중 + 지진 관성력

(7) 구조해석결과

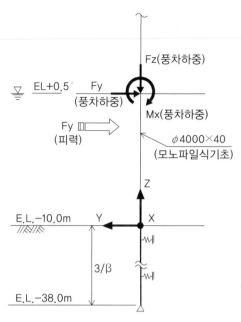

그림 3.2.4 골조 해석모델

① 하중집계

표 3.2.4 하중집계표

하중항목			F_x(kN)	F_y(kN)	F_z(kN)	M_x (kN·m)	M_y (kN·m)	M_z (kN·m)
자중			0.0	0.0	−402.3	0.0	0.0	0.0
부력			0.0	0.0	49.8	0.0	0.0	0.0
풍차하중	풍차자중		0.0	0.0	−1665.0	0.0	0.0	0.0
	폭풍 시	풍력	0.0	−732.0	0.0	41534.0	0.0	0.0
		파력	0.0	−488.5	0.0	6179.3	0.0	0.0
	지진 시	풍력	0.0	−255.0	0.0	17019.5	0.0	0.0
		관성력	0.0	−500.0	0.0	26118.0	0.0	0.0
모노파일의 파력			0.0	−565.7	0.0	3419.8	0.0	0.0
모노파일의 지진관성력			0.0	−859.8	0.0	4513.7	0.0	0.0
조합 case 1			0.0	−1786.2	−2017.6	51133.1	0.0	0.0
조합 case 2			0.0	−1614.8	−2017.6	47651.2	0.0	0.0

주1) 하중방향에 대해서는 〈그림 3.2.2〉 및 〈그림 3.2.4〉를 참조한다.
주2) 지진 시 관성력에는 동수압도 포함된다.

② 부재응력도비(部材應力度比)

표 3.2.5 부재응력도비

부재사이즈	재질	부재응력도비	결정 case
$\phi 4{,}000 \times 40.0$	SM400	0.78	case 1

부재응력도비는 다음 식으로 정의된다.

$$\text{응력도비} = \text{발생응력도} / \text{허용응력도}$$

③ 말뚝의 근입길이 산정

말뚝의 근입길이는 $3/\beta$ 이상으로 한다.

또한 β는「항만설계기준」제8편 계류시설 9.5.3 '가상 고정점'에 준거해 다음 식으로 구한다.

$$\beta = \sqrt[4]{\frac{k_h D}{4EI}} \quad cm^{-1}$$

여기서, k_h : 횡방향의 지반반력계수(N/cm^3)

$\quad\quad\quad$ D : 말뚝의 직경 또는 폭(cm)

$\quad\quad\quad$ EI : 횡방향의 지반반력계수$(N \cdot cm^2)$

위의 식으로부터

$$1/\beta = 1/\sqrt[4]{\frac{30 \times 400}{4 \times 2.0E7 \times 9.8E7}} = 1/0.0011 = 909 cm$$

$$3/\beta = 9.09 \times 3 = 27.3 m$$

따라서 말뚝의 근입길이는 27.3m 이상으로 한다.

④ 말뚝의 지지력 조사

허용지지력은「항만설계기준」제5편 기초 4.1.5 '정역학적 지지력 산정식'에 의한 축 방향 극한지지력의 추정에 준거하며, 안전율을 고려해 다음 식으로 산정한다.

· 사질토

$$R_u = 300 \cdot N \cdot A_p + 2 \cdot \overline{N} \cdot A_s$$

$$N = (N_1 + \overline{N}_2) / 2$$

· 점성토

$$R_u = 8 \cdot C_p \cdot A_p + \overline{C}_a \cdot A_s$$

여기서, A_p : 말뚝의 선단면적(m^2)

A_s : 말뚝의 전체 표면적(m^2)

N : 지반의 N값

$\overline{N}$: 말뚝 근입 전체길이에 대한 평균 N값

N_1 : 말뚝 선단위치에서의 N값

$\overline{N}_2$: 말뚝선단에서 윗방향으로 4B가 되는 범위 내의 평균 N값

B : 말뚝의 직경(m)

C_p : 말뚝 선단위치에서의 부착력(kN/m^2)

$\overline{C}_a$: 말뚝 근입 전체길이에 대한 평균부착력(kN/m^2)

표 3.2.6 지지력에 대한 안전율

구분	압입(押込)		인발(引拔)
	지지말뚝	마찰말뚝	
폭풍 시	2.5		3.0
지진 시	1.5	2.0	2.5

· 허용지지력의 산정

표 3.2.7 주면마찰력

심도 D.L. (m)	지층두께 L_i (m)	토질	N값 또는 C값 (kN/m^2)	마찰력도 $F_i = 2N$ 또는 C (kN/m^2)	$F_i \cdot L_i$ (kN/m)
−10.00	—	—	—	—	—
−10.00 ~ −25.00	15.00	사질토	20.00	40.00	600.0
−25.00 ~ −38.00	13.00	점성토	80.00	80.00	1040.0

말뚝의 근입길이 = 28.0m

$$\sum(F_i \cdot L_i) = 164.0kN/m$$

- 선단지지력(Q_u)

  마찰말뚝이기 때문에 Q_u = 0kN

- 주면마찰력(F_u)

$$F_u = \sum(f_i \cdot L_i) \cdot \pi \cdot D = 20,609kN$$

- 극한지지력(R_u)

$$R_u = F_u + Q_u = 20,609kN$$

- 압입(押入) 허용지지력(R_a)

  (폭풍 시)

$$R_a = R_u/2.5 - W_p = 7,173kN \quad (안전율\ 2.5)$$

  여기서, W_p : 말뚝의 자중(=1,071kN)

  (지진 시)

$$R_a = R_u/2.0 - W_p = 9,234kN \quad (안전율\ 2.0)$$

  여기서, W_p : 말뚝의 자중(=1,071kN)

- 말뚝 두부(頭部)의 발생축

  폭풍 시(case 1) : 2,018kN < 허용지지력 : 7,173kN (OK)

  지진 시(case 2) : 2,018kN < 허용지지력 : 9,234kN (OK)

⑤ 말뚝 두부 (杭頭)의 수평방향변위량

표 3.2.8 말뚝 두부의 수평방향변위량

변위량	결정 case
1.40	case 1

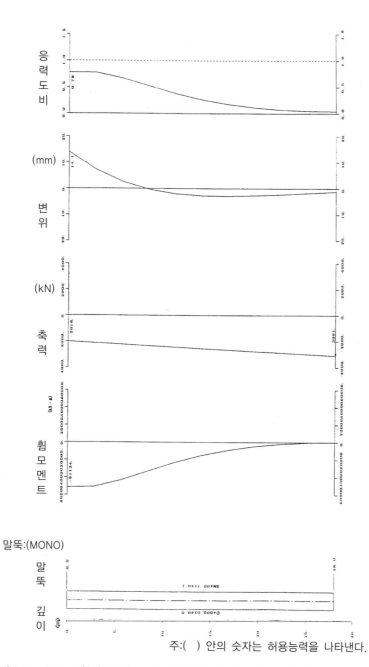

주:( ) 안의 숫자는 허용능력을 나타낸다.

그림 3.2.5 토중부(土中部)일 경우, 말뚝체의 발생단면 및 응력도비(case 1)

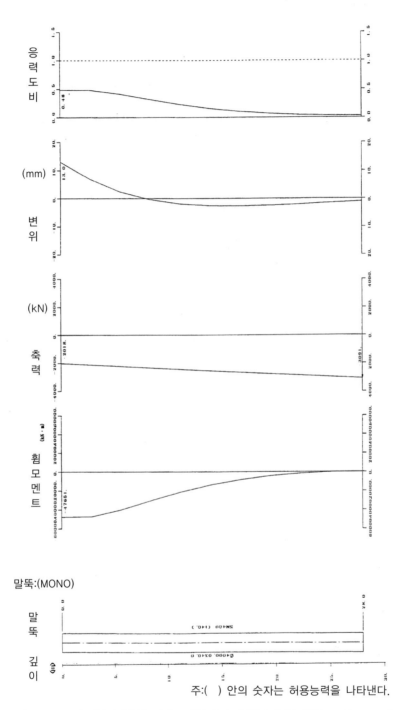

주:( ) 안의 숫자는 허용능력을 나타낸다.

그림 3.2.6 토중부(土中部)일 경우, 말뚝체의 발생단면 및 응력도비(case 2)

3.3 자켓식 기초의 설계 예

(1) 설계조건

① 설계수위

   D.L.±0.00(m)

② 계획수심

   설계수심 : D.L.−10.00(m)

③ 자켓 구조부 계획천단고

   설계천단고 : D.L.+10.00(m)

④ 파랑

   최대파고 (H_{max}) : 8.15m

   주기(T) : 14.0s

   입사각 : 0.0° [1]

⑤ 세굴

   흐름에 의한 Shen(1969)의 세굴추정식을 사용해 세굴의 깊이를 고려한다.

$$Z = 1.40 \cdot D \qquad (D \leqq 0.9m)$$
$$Z = 1.05 \cdot D^{0.75} \qquad (D \geqq 0.9m)$$

   여기서, Z : 세굴 깊이(m)

   　　　　D : 말뚝의 직경(m)

⑥ 토질조건

   D.L.−10.00m ∼ D.L.−11.05m : 세굴

   D.L.−11.05m ∼ D.L.−25.00m : 사질토, N값 = 20

   D.L.−25.00m ∼ D.L.−40.00m : 점성토, c값 = 80kN/m²

   D.L.−40.00m ∼ : 사질토(지지층), N값 = 50

⑦ 설계진도

   풍차 기초 : k_h = 0.16

---

[1] 자켓식 기초는 해안선 근처에 설치되므로, 폭풍 시 파랑의 파향(波向)은 해안선에 거의 직각이 되는 것으로 생각해 파향에 대해서는 0°로 함

풍차 본체 : k_h = 0.30

⑧ 부착해양생물

해면~해저면의 범위에서 말뚝체의 외측 50mm의 고른 분포로 한다.

⑨ 단위체적중량

표 3.3.1 단위체적중량

재료	단위체적중량(kN/m³)
강재	77.0
해수	10.1

⑩ 허용응력도의 할증

폭풍 시, 지진 시는 이상 상태로 다루어 1.5배로 한다.

(2) 검토 모델의 개략도

아래에 모델의 개략도 및 자켓식 기초의 개략도를 나타낸다.

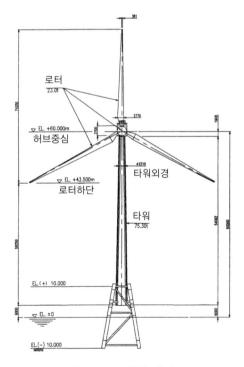

그림 3.3.1 모델의 개략도

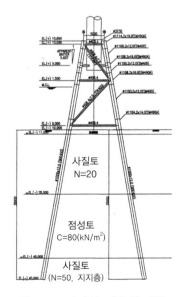

그림 3.3.2 자켓식 기초의 개략도

(3) 지반의 모델화

① 횡방향의 지반스프링

말뚝의 수평스프링은 「항만설계기준」 9.5.2 '횡방향의 지반반력계수'에 따라 $k_h = 1.5 \cdot N$ (N/cm^3)의 선형 스프링으로 한다.

② 연직방향의 지반스프링

말뚝의 연직스프링은 「자켓공법 기술 매뉴얼」 C 4.2.4 '말뚝의 축방향 지반반력계수 (2) APIRP2A-WSD 6.7 Soil Reaction for Axially-Loaded Piles (a) t-Z 곡선(주면마찰 스프링)'에 따라 연직방향의 변위량 Z일 때 최대극한마찰력이 되는 이중선형 (bilinear) 모델로 한다.

최대극한마찰력에 대한 사고방식은 「도로교 시방서(하부구조편)」 10.4.1 '1개 말뚝 의 축방향 허용 압입지지력'에 따른다.

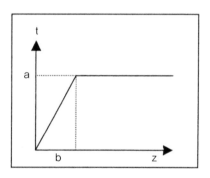

그림 3.3.3 연직방향의 지반스프링

a : 사질토 : 2N (kN/m^2)

     : 점성토 : C 또는 10N (kN/m^2)

b : 사질토 : 0.1인치

     : 점성토 : 0.01D (D : 말뚝의 직경)

③ 말뚝의 선단스프링

말뚝의 선단스프링은 「자켓공법 기술 매뉴얼」 C 4.2.4 '말뚝의 축방향 지반반력계수 (2) APIRP2A-WSD 6.7 Soil Reaction for Axially-Loaded Piles (b) Q-Z 곡선(선단스 프링)'에 따라 다음 식으로 구한다.

$$Q = 8 \cdot C_p \cdot A_p \quad \text{(점성토)}$$

여기서, Q_u : 말뚝의 극한지지력(kN)

A_p : 말뚝의 선단면적(m^2)

C_p : 말뚝 선단위치에서의 부착강도(kN/m^2)

D : 말뚝의 직경(m)

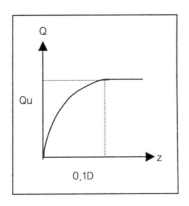

그림 3.3.4 선단 스프링

(4) 풍차하중

풍차로부터 기초에 전달되는 풍하중에 대해서는 1.65MW 풍력발전기에 의한 하중을 고려한다.

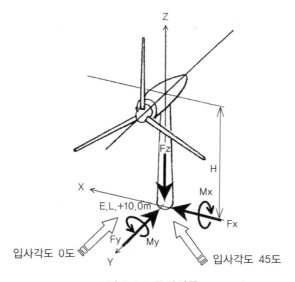

그림 3.3.5 풍차하중

표 3.3.2 풍차하중 일람

하중작용위치 E.L+10.0m				
높이 H (m)				50.0
연직하중 F_z (kN)				-1522
수평하중 (kN)	폭풍 시	0도	F_y	-883
		45도	F_x	-625
			F_y	-625
	지진 시	0도	F_y	-542
		45도	F_x	383
			F_y	-383
전도모멘트 (kN·m)	폭풍 시	0도	M_x	36371
		45도	M_x	25718
			M_y	25718
	지진 시	0도	M_x	20283
		45도	M_x	14342
			M_y	14342

(5) 설계파력

자켓 기초에 작용하는 파력은 Morrison식을 사용해 산출한다.

$$dF = \frac{1}{2} \cdot C_D \cdot \rho_w \cdot D \cdot u \cdot |u| \, ds + C_M \cdot \rho_w \cdot A \cdot \frac{\partial u}{\partial t} ds$$

여기서, dF : 기초에 작용하는 단위길이 ds당 파력(kN)

C_D : 항력계수(=1.0)

C_M : 관성력계수(=2.0)

ρ_w : 해수의 밀도(=1.03t/m^3)

u : 파의 수립자 속도(m/s)

D : 부재의 직경(m)

A : 부재의 단면적(m^2)

(6) 하중의 조합

하중의 조합은 다음의 4가지 방법에 대해 검토한다.

Case 1 : 자중 + 부력 + 폭풍 시 풍차하중(입사각도 0°) + 폭풍 시 파력

Case 2 : 자중 + 부력 + 폭풍 시 풍차하중(입사각도 45°) + 폭풍 시 파력

Case 3 : 자중 + 부력 + 지진 시 풍차하중(0°) + 지진 관성력(0°)

Case 4 : 자중 + 부력 + 지진 시 풍차하중(45°) + 지진 관성력(45°)

(7) 구조해석결과

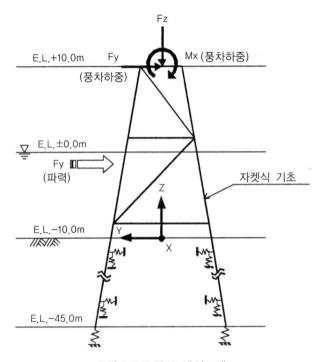

그림 3.3.6 골조 해석모델

① 하중집계

표 3.3.3 하중집계표

하중항목		F_x(kN)	F_y(kN)	F_z(kN)	M_x (kN·m)	M_y (kN·m)	M_z (kN·m)
자중		0.0	0.0	−2680.3	0.0	0.0	0.0
부력		0.0	0.0	543.9	0.0	0.0	0.0
풍차하중	폭풍시(입사각 0°)	0.0	−883.4	−1521.9	54039.2	0.0	0.0
	폭풍시(입사각 45°)	625.4	−625.4	−1521.9	38217.1	38217.1	0.0
	지진시(0°)	0.0	−541.9	−1521.9	31120.9	0.0	0.0
	지진시(45°)	383.2	−383.2	−1521.9	22001.0	22001.0	0.0
파력		−19.6	−1297.5	−10.8	11268.0	−547.8	0.0
지진관성력(0°)		0.0	−507.6	0.0	4681.5	0.0	0.0
지진관성력(45°)		358.7	−358.7	0.0	3310.4	3310.4	0.0
조합 case 1		−19.6	−2180.9	−3669.1	65307.2	−547.8	0.0
조합 case 2		605.8	−1922.9	−3669.1	49485.1	37669.3	0.0
조합 case 3		0.0	−1049.5	−3658.3	35802.4	0.0	0.0
조합 case 4		741.9	−741.9	−3658.3	25311.4	25311.4	0.0

1) 하중방향에 대해서는 〈그림 3.3.5〉 및 〈그림 3.3.6〉을 참조한다.
2) 지진 관성력에는 동수압이 포함된다.

② 부재응력도비(部材應力度比)

표 3.3.4 부재응력도비

No.	개소	사이즈	재질	부재응력도비	결정 case
1	Leg	φ 1100.2 × 12.0	SM400	0.36	2
2	−9.0 수평재	φ 406.4 × 7.9	STK400	0.27	2
3	+1.5 수평재	φ 406.4 × 7.9	STK400	0.36	2
4	+10.0수평재	φ 406.4 × 7.9	STK400	0.86	2
5	+1.5 ~ −9.0 수평 사재	φ 406.4 × 7.9	STK400	0.74	2
6	+10.0 ~ +1.5 수평 사재	φ 406.4 × 7.9	STK400	0.81	2
7	−9.0 수평 사재	φ 406.4 × 7.9	STK400	0.18	2
8	+1.5 수평 사재	φ 406.4 × 7.9	STK400	0.19	1
9	+10.0 수평 사재	φ 406.4 × 7.9	STK400	0.44	2

부재응력도비는 다음 식으로 정의된다.

$$응력도비 = 발생응력도 / 허용응력도$$

③ Punching shear 비(比)

표 3.3.5 Punching shear 비(比)

No.	개소		사이즈	재질	부재응력도비	결정 case
1	−9.0can	주관	φ1104.2 × 14.0	SM490	0.74	2
		지관	φ406.4 × 7.9	STK400		
2	+1.5can	주관	φ1108.2 × 16.0	SM490	0.97	2
		지관	φ406.4 × 7.9	STK400		
3	+10.0can	주관	φ1114.2 × 19.0	SM490	0.97	2
		지관	φ406.4 × 7.9	STK400		

Punching shear 비는 다음 식으로 정의된다.

$$Punching\ shear\ 비 = 발생단면적 / 허용내력$$

④ 말뚝의 지지력 조사

허용지지력은 「항만시설기준」 4.1.5 '정역학적 지지력 산정식에 의한 축방향 극한지지력의 추정'에 따라, 안전율을 고려해 아래의 식으로 산정한다.

· 사질토

$$R_u = 300 \cdot N \cdot A_p + 2 \cdot \overline{N} \cdot A_s$$
$$N = (N_1 + \overline{N}_2) / 2$$

· 점성토

$$R_u = 8 \cdot C_p \cdot A_p + \overline{C}_a \cdot A_s$$

여기서, A_p : 말뚝의 선단면적(m²)

A_s : 말뚝의 전(全) 표면적(m²)

N : 지반의 N값

$\overline{N}$: 말뚝 근입 전체길이에 대한 평균 N값

N_1 : 말뚝 선단위치에서의 N값

$\overline{N_2}$: 말뚝선단에서 윗방향으로 4B가 되는 범위 내의 평균 N값

B : 말뚝의 직경(m)

C_p : 말뚝 선단위치에서의 부착력(kN/m²)

$\overline{C_a}$: 말뚝 근입 전체길이에 대한 평균부착력(kN/m²)

표 3.3.6 지지력에 대한 안전율

구분	압입	인발
이상 시	1.5	2.5

· 허용지지력의 산정

표 3.3.7 주면마찰력

심도 D.L(m)	지층두께 L_i [1] (m)	토질	N값 또는 C값 (kN/m²)	마찰력도 F_i=2N 또는 C (kN/m²)	Fi·Li (kN/m)
−10.00	—	—	—	—	—
−10.00 ~ −11.05	1.082	세굴	—	—	—
−11.05 ~ −25.00	14.379	사질토	20.00	40.00	575.2
−25.00 ~ −38.00	15.462	점성토	80.00	80.00	1237.0
−40.00 ~ −45.00	5.154	사질토	50.00	100.00	515.4

말뚝의 근입길이 = 36.1m

$$\sum (F_i \cdot L_i) = 2327.6 \text{kN/m}$$

1) 말뚝의 경사 4:1을 고려한다.

・선단지지력(Q_u)

$$L_i \ / \ D \ = \ 5.15$$

$$폐색률(閉塞率) \ \alpha \ : \ 1.00$$

$$평균 \ N값 \ : \ 50.0$$

$$Q_u = 300 \cdot N \cdot A_p \cdot \alpha = 11,781kN$$

・주면마찰력(F_u)

$$F_u = \sum(F_i \cdot L_i) \cdot \pi \cdot D = 7,312kN$$

・극한지지력(R_u)

$$R_u = F_u + Q_u = 19,093kN$$

・허용지지력

(압입 허용지지력)

$$R_u/1.5 - W_p = 12,626kN \ (안전율 \ 1.5)$$

여기서, W_p : 말뚝의 자중(=103kN)

∴ 압입발생축력(case 2) : 4,326kN < 허용지지력 : 12,626kN (OK)

(인발 허용지지력)

$$F_u/2.5 + W_p = 3,028kN \ (안전율 \ 2.5)$$

여기서, W_p : 말뚝의 자중(=103kN)

∴ 인발발생축력(case 2) : 2,921kN < 허용지지력 : 3,028kN (OK)

⑤ 천단의 수평방향 변위량

표 3.3.8 천단의 수평방향 변위량

변위량(cm)	결정 case
2.72	case 1

3.4 신설 방파제를 기초로 이용하는 경우의 설계계산 예

(1) 설계조건

① 조위

H.W.L : D.L.+0.50m

L.W.L : D.L.±0.00m

② 파랑

50년 확률파고(추정치)를 사용한다.

유의파고($H_{1/3}$) : 8.9m

설계파(H_D) : 13.1m

주기(T) : 13.5s

입사각도(β) : 40°

③ 토질조건

a) D.L.−16.0m ∼ D.L.−29.0m : 사질토

$\phi = 35°$

$\gamma' = 10\text{kN}/\text{m}^3$

b) D.L.−29.0m 이하 깊이 : 점성토

$c = 72.5 + 4.4 \times Z \text{ kN}/\text{m}^2$ (Z = 0 at −D.L. −29.0m)

$\gamma' = 6.9\text{kN}/\text{m}^3$

④ 지진력

a) 풍차 기초 (케이슨)

설계진도 k_h = 지반별진도(C지구) × 지반종별계수(제2종 지반) × 중요도계수(A급)

= 0.12 × 1.0 × 1.2 = 0.144

≒ 0.14

b) 풍차 본체

설계진도 k_h = 0.30

⑤ 계획천단고 (상부공의 천단고)

계획천단고 : D.L. +6.00m

⑥ 마찰계수

마찰증대 매트와 사석(捨石) μ = 0.7

콘크리트와 콘크리트 μ = 0.5

⑦ 계획수심

D.L. -13.0m

⑧ 시공조건

케이슨은 육상에서 제작하고 기중기선을 사용해 설치하는 것으로 한다.

⑨ 소요 안전율

표 3.4.1 소요 안전율

검토항목	폭풍 시	지진 시
활동	1.2 이상	1.0 이상
전도	1.2 이상	1.1 이상
편심경사하중	1.0 이상	1.0 이상
제체 전체의 안정	1.3 이상	

⑩ 단위체적중량

단위체적중량은 〈표 3.4.2〉와 같이 한다.

표 3.4.2 단위체적중량

품목	단위체적중량(kN/m^3)
철근 콘크리트	24.0
무근 콘크리트	22.6
속채움모래	20.0
해수	10.1

⑪ 기타

「항만시설의 기술상 기준·동해설(1999년 4월)」에 준거한다.

(2) 풍차 제원

풍차의 출력 : 1.65MW

허브 높이 : 60m

타워의 직경(상단) : φ = 2.310m (D.L. +64.90m)

타워의 직경(접합부) : φ = 2.771m (D.L. +40.50m)

타워의 직경(접합부) : φ = 3.483m (D.L. +16.70m)

타워의 직경(하단) : φ = 4.025m (D.L. +6.00m)

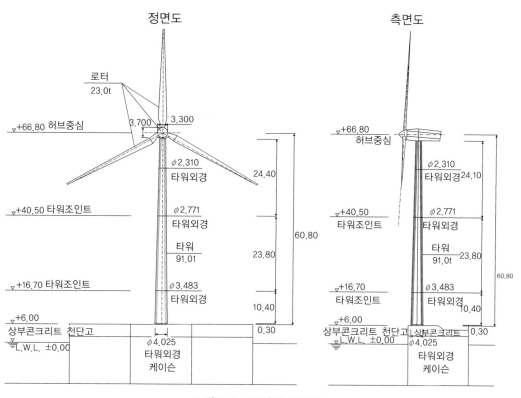

그림 3.4.1 풍차의 구조도

(3) 방파제의 단면 설정

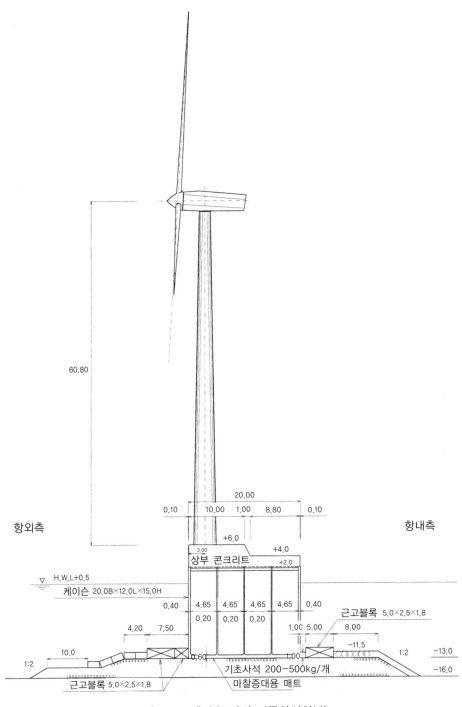

그림 3.4.2 케이슨 단면도(풍차설치부)

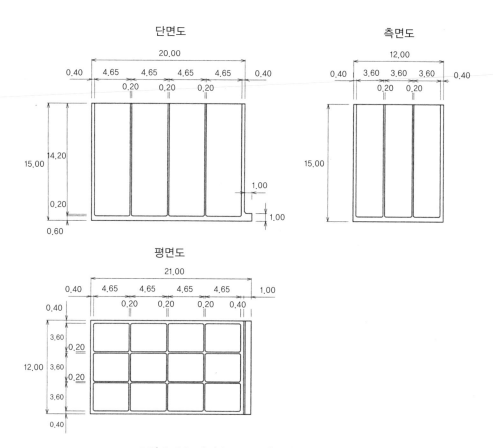

단면도 측면도
20.00 12.00
0.40 4.65 4.65 4.65 4.65 0.40 0.40 3.60 3.60 3.60 0.40
0.20 0.20 0.20 0.20 0.20
14.20
15.00 15.00
0.20 1.00
1.00
0.60

평면도
21.00
0.40 4.65 4.65 4.65 4.65 1.00
0.20 0.20 0.20 0.40
0.40
3.60
0.20
12.00 3.60
0.20
3.60
0.40

그림 3.4.3 케이슨 구조도(풍차설치부)

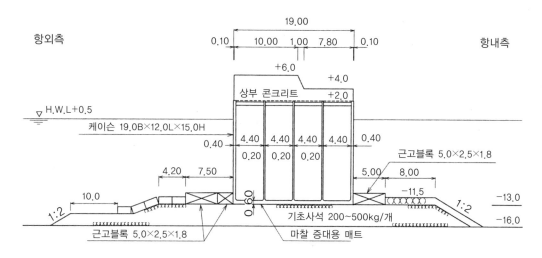

항외측 19.00 항내측
0.10 10.00 1.00 7.80 0.10
+6.0
+4.0
상부 콘크리트 +2.0
▽ H.W.L+0.5
케이슨 19.0B×12.0L×15.0H 4.40 4.40 4.40 4.40 0.40
0.40 0.20 0.20 0.20 근고블록 5.0×2.5×1.8
4.20 7.50 5.00 8.00
10.0 0.60 −11.5 −13.0
1:2 기초사석 200~500kg/개 1:2 −16.0
근고블록 5.0×2.5×1.8 마찰 증대용 매트

그림 3.4.4 케이슨 단면도(풍차 없음)

(4) 풍차설치위치의 설정

〈그림 3.4.2〉에서, 풍차의 설치위치는 방파제 법선에서 3.0m로 한다.

(5) 제체중량(堤体重量) 및 풍차 기초부의 외력 산정

풍차의 기초부 및 본체에 작용하는 하중의 조합은 2.5.6 '제체중량 및 외력의 산정'〈표 2.5.1〉에 나타낸 바와 같다. 아래에 각각의 하중을 산정한다.

① 제체 중량의 산정

제체의 중량을 아래와 같이 산정한다. 모멘트의 기준위치는 폭풍 시에 항내측단지(港內側端趾)로 하며, 지진 시에는 항외측단지로 한다(2.5.6 '제체중량 및 외력의 산정' 참조).

a) 케이슨 중량

케이슨의 중량을 아래와 같이 계산한다.

·함실(函室) (속채움모래)의 평면적

A_1 = 3.60 × 4.65 × 12 − 1/2 × 0.20 × 0.20 × 48

= 199.92m^2

·측벽(側壁)·격벽(隔璧)의 평면적

A_2 = 20.00 × 12.00 − 199.92

= 199.92m^2

케이슨(footing 없음)의 체적을 〈표 3.4.3〉에 정리한다.

표 3.4.3 케이슨의 체적

명칭	계산식	V(m^3)
측벽·격벽	40.08 × (15.00−0.60)	577.15
저판(底版)	20.00 × 12.00 × 0.60	144.00
수평 헌치(haunch) 종단측(縱斷側)	1/2 × 0.20 × 0.20 × 3.20 × 24	1.54
수평 헌치(haunch) 횡단측(橫斷側)	1/2 × 0.20 × 0.20 × 4.25 × 24	2.04
우각(隅角) 헌치(haunch)	1/3 × 0.20 × 0.20 × 0.20 × 48	0.13
합　계		724.86

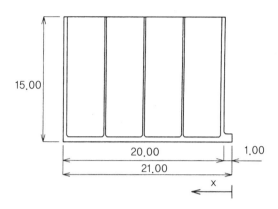

그림 3.4.5 케이슨의 단면적

케이슨의 중량은 위의 체적에 철근 콘크리트의 단위체적중량을 곱해 계산한다.

$W = 724.86 \times 24.0$

$= 17,396.64 \text{kN}$

1m당으로 환산하면,

$W' = 17,396.64 \ / \ 12.0$

$= 1,449.72 \text{kN/m}$

중심(重心)은 항내측단부(港內側端部)로부터 구한다.

$x = 21.0 - 20.0/2 = 11.0 \text{m}$

b) 푸팅(footing)

푸팅부의 중량을 〈표 3.4.4〉에 나타낸다.

표 3.4.4 푸팅(Footing)의 중량

	저변(低辺) ×높이(m²)	W(kN/m)	x(m)	W·x(kN·m/m)
①	$1/2 \times 0.20 \times 0.20 = 0.02$	0.48	0.93	0.45
②	$1.00 \times 1.00 = 1.00$	24.00	0.50	12.00
	합계	24.48	—	12.45

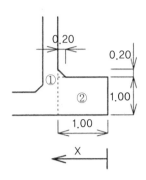

그림 3.4.6 푸팅의 단면도

c) 속채움모래

    속채움모래의 중량을 아래와 같이 계산한다.

    • 함실의 평면적(속채움모래)

      $A_1 = 199.92m^2$

    • 헌치(haunch)에 의해 공제되는 부분의 체적을 〈표 3.4.5〉에 나타낸다.

표 3.4.5 속채움모래의 체적(헌치 공제분)

명 칭	계산식	$V_1(m^3)$
수평 헌치(haunch) 종단측	$1/2 \times 0.20 \times 0.20 \times 3.20 \times 24$	1.54
수평 헌치(haunch) 횡단측	$1/2 \times 0.20 \times 0.20 \times 4.25 \times 24$	2.04
우각 헌치(haunch)	$1/3 \times 0.20 \times 0.20 \times 0.20 \times 48$	0.13
합 계		3.71

    • 속채움모래의 체적

$$V_2 = 199.92 \times (15.00 - 0.60 - 0.70) - 3.71$$

$$= 2,735.19m^3$$

    속채움모래의 중량은 위의 체적에 모래의 단위체적중량을 곱해 계산한다.

$$W = 2,735.19 \times 20.0$$

$$= 54,703.80kN$$

1m당으로 환산하면,

$$W' = 54,703.80 \ / \ 12.00$$

$$= 4,558.65\text{kN/m}$$

속채움모래의 중심은 항내측 단부(端部)로부터 구한다.

$$x = 21.0 - 20.0/2 = 11.0\text{m}$$

d) 덮개콘크리트
  ・덮개콘크리트의 평면적

$$A_1 = 199.92\text{m}^2$$

  ・덮개콘크리트의 체적

$$V = 199.92 \times 0.500$$

$$= 99.96\text{m}^2$$

덮개콘크리트의 중량은 위의 체적에 무근콘크리트의 단위체적중량을 곱해 계산한다.

$$W = 99.96 \times 22.6$$

$$= 2,259.10\text{kN}$$

1m당으로 환산하면,

$$W' = 2,259.10 \ / \ 12.00$$

$$= 188.26\text{kN/m}$$

덮개콘크리트의 중심은 항내측 단부(端部)로부터 구한다.

$$x = 21.0 - 20.0/2 = 11.0\text{m}$$

e) 상부공
  상부공을 아래의 3개 부분으로 나누어 계산한다.

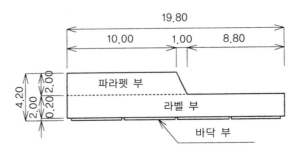

그림 3.4.7 상부공의 단면도

〈바닥부〉

· 바닥부의 체적(1m당)

$$V_1 = 199.92 \times 0.20 \; / \; 12.00$$
$$= 3.33 m^3/m$$

· 바닥부의 중량(1m당)

바닥부의 중량은 위의 체적에 철근 콘크리트의 단위체적중량을 곱해 계산한다.

$$W_1 = 3.33 \times 24.0$$
$$= 79.92 kN/m$$

바닥부의 중심을 항내측 단부(端部)로부터 구한다.

$$x = 21.0 - 20.0/2 = 11.0m$$

〈레벨(level)부〉

· 레벨부의 체적(1m당)

$$V_2 = (20.00 - 0.10 \times 2) \times 2.00 = 39.60 m^3/m$$

· 레벨부의 중량(1m당)

위의 체적에 철근 콘크리트의 단위체적중량을 곱해 계산한다.

$$W_2 = 39.60 \times 24.0$$
$$= 950.40 kN/m$$

레벨부의 중심을 항내측 단부(端部)로부터 구한다.

$$x = 21.0 - 20.0/2 = 11.0m$$

<파라펫(parapet)부>

·파라펫의 체적과 중심위치 및 단면 1차 모멘트를 <표 3.4.6>에 나타내었다.

표 3.4.6 파라펫부의 체적과 1차 모멘트

저변 × 높이(m³)	W_3(kN/m)	x(m)	$W \cdot x$(kN·m/m)
10.00×2.00	480.00	15.90	7,632.00
1/2×1.00×2.00	24.00	10.57	253.68
합계	504.00	—	7,885.68

이상으로부터 상부공의 중량 및 계산결과를 정리해 <표 3.4.7>에 나타내었다.

표 3.4.7 상부공의 중량 및 1차 모멘트

명칭	W(kN/m)	x(m)	$W \cdot x$(kN·m/m)
바닥부	79.92	11.00	879.12
레벨부	950.40	11.00	10,454.40
패러핏부	504.00	15.65	7,887.68
합계	1,534.32	—	19,221.20

f) 제체중량 및 1차 모멘트의 집계

이상으로부터 제체중량 등의 집계결과를 아래에 나타낸다(폭풍 시).

표 3.4.8 풍차의 기초중량 및 1차 모멘트

명 칭	W(kN/m)	x(m)	$W \cdot x$(kN·m/m)
케이슨	1,449.72	11.00	15,946.92
푸팅	24.48	0.51	12.45
속채움모래	4,558.65	11.00	50,145.15
덮개콘크리트	188.26	11.00	2,070.86
상부공	1,534.32	12.53	19,221.20
합 계	7,755.43	—	87,396.58

지진 시에는 모멘트의 기준위치가 항외측(港外側)이 되기 때문에 암(arm) 길이를

바꾸어 다음과 같이 산정한다.

$$x' = 21.00 - 11.27 = 9.73m$$
$$W \cdot x' = 7,755.43 \times 9.73$$
$$= 75,460.33 \ kN \cdot m/m$$

② 풍차기초부에 작용하는 외력

풍차기초부에 작용하는 외력은 파력, 양압력, 부력, 지진력, 지진 시의 동수압이다. 이들 각각에 대해 다음과 같이 산정한다.

a) 파력

케이슨에 작용하는 파력은 고다(合田)식을 사용하여 다음과 같이 구한다.

$$\alpha_1 = 0.6 + \frac{1}{2}\left[\frac{4\pi h/L}{\sinh(4\pi h/L)}\right]^2 = 0.896$$

$$\alpha_2 = \min\left\{\frac{h_b - d}{3h_b}\left(\frac{H_D}{d}\right), \frac{2d}{H_D}\right\} = 0.131$$

$$\alpha_3 = 1 - \frac{h'}{h}\left[1 - \frac{1}{\cosh(2\pi h/L)}\right] = 0.856$$

$$\eta = 0.75(1 + \cos\beta)\lambda_1 H_D = 18.729m$$

$$p_1 = 1/2(1 + \cos\beta)(\lambda_1\alpha_1 + \lambda_2\alpha_2\cos^2\beta)w_0 H_D = 126.62kN/m^2$$

$$p_2 = p_1/\cosh(2\pi h/L) = 104.29kN/m^2$$

$$p_3 = \alpha_3 p_1 = 0.856 \times 126.62 = 108.39kN/m^2$$

$$p_4 = p_1(\eta - h_c)/\eta = 126.62 \times (18.729 - 5.50)/18.729 = 89.44kN/m^2$$

여기서, η : 정수면상의 파압강도가 0이 되는 높이(m)

p_1 : 정수면에서의 파압강도(kN/m^2)

p_2 : 해저면에서의 파압강도(kN/m^2)

p_3 : 직립벽 저면(底面)에서의 파압강도(kN/m^2)

p_4 : 직립벽 천단에서의 파압강도(kN/m^2)

h   : 직립벽 전면(前面)에서의 수심(=16.50m)

h_b : 직립벽 전면에서 바다 쪽으로(외해 측)으로 유의파고의 5배만큼 떨어진 지점에서의 수심(=17.03m)

h_c : 정수면부터 직립벽 천단까지의 높이(=5.50m)

h'   : 직립벽 저면의 수심(=13.50m)

d   : 근고공 또는 마운드 피복공 천단 중 작은 쪽의 수심(=11.70m)

w_0 : 해수의 단위체적중량(=10.1kN/m²)

H_D : 설계계산에 사용하는 파고(=13.10m)

L   : 수심 h에서 설계계산에 사용하는 파장(=161.20m)

β : 직립벽 법선의 수선(垂線)과 파의 주방향으로부터 ±15° 범위에서 가장 위험한 방향이 되는 각도(40°−15° = 25°)

$\lambda_1,\ \lambda_2$: 파압의 보정계수(=1.00)

b) 파압합력 및 파력에 의한 모멘트

고다(合田)식으로 구한 파력을 모식도로 나타내면 〈그림 3.4.8〉과 같다.

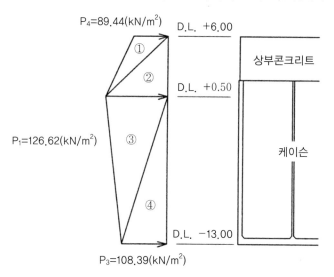

그림 3.4.8 고다(合田)식에 의한 파력

파압합력과 파력에 의한 모멘트를 〈표 3.4.9〉에 나타낸다.

표 3.4.9 파압합력과 모멘트

	계산식	P(kN/m)	y(m)	P・y(kN・m/m)
①	1/2×89.44×5.50	245.96	17.17	4,223.13
②	1/2×126.62×5.50	348.21	15.33	5,338.06
③	1/2×126.62×13.50	854.69	9.00	7,692.21
④	1/2×108.39×13.50	731.63	4.50	3,292.34
	합계	2,180.49	—	20,545.74

c) 양압력

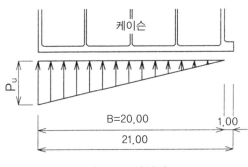

그림 3.4.9 양압력

양압력의 강도는 다음 식으로 구한다.

$$p_u = 0.5 \times (1 + \cos\beta)\alpha_1\alpha_3\lambda_3 w_0 H_D$$

$$= 96.72 \mathrm{kN/m^2}$$

여기서, p_u : 양압력의 강도($\mathrm{kN/m^2}$)

λ_3 : 양압력의 보정계수(보통 1.0)

양압력에 의한 합력과 모멘트를 구하면 다음과 같다.

$$P_u = 1/2 \times p_u B = 1/2 \times 96.72 \times 20.0$$

$$= 967.20 \mathrm{kN/m}$$

$$P_u \cdot x = 967.20 \times (2/3 \times 20.00 + 1.0)$$

$$= 13,863.20 \mathrm{kN \cdot m/m}$$

d) 부력 및 부력에 의한 모멘트

제체(堤体)에 작용하는 부력 및 부력 모멘트를 구하면 다음과 같이 된다.

ⅰ) 케이슨 본체

$$W_{w1} = 20.0 \times 13.5 \times 10.1 = 2,727.00 \text{kN/m}$$

$$x = 11.0 \text{m}$$

$$W_{w1} \cdot x = 2,727.00 \times 11.0 = 29,997.00 \text{kN} \cdot \text{m/m}$$

ⅱ) 푸팅부

$$W_{w2} = 1.02 \times 10.1 = 10.30 \text{kN/m}$$

$$x = 0.51 \text{m}$$

$$W_{w2} \cdot x = 10.30 \times 0.51 = 5.25 \text{kN} \cdot \text{m/m}$$

표 3.4.10 부력 및 모멘트(폭풍 시)

명칭	W(kN/m)	x(m)	W·x(kN·m/m)
케이슨 본체	2,727.00	11.00	29,997.00
푸팅부	10.30	0.51	5.25
합계	2,737.30	—	30,002.25

지진 시에는 모멘트의 기준위치가 항외측(港外側)이 되기 때문에 암(arm) 길이를 바꾸어 다음과 같이 산정한다.

$$x' = 21.0 - 10.96 = 10.04 \text{m}$$

$$W \cdot x' = 2,737.30 \times 10.04$$

$$= 27,482.49 \text{ kN} \cdot \text{m/m}$$

e) 풍차의 기초부에 작용하는 지진력

풍차의 기초부에 작용하는 지진력 및 모멘트는 설계진도 $k_h = 0.14$이므로 〈표 3.4.11〉에 나타낸 바와 같이 된다.

표 3.4.11 풍차기초에 작용하는 지진력 및 모멘트

명칭	W(kN/m)	W_h(kN/m)	y(m)	$W_h \cdot y$ (kN·m/m)
케이슨	1,449.72	202.96	6.27	1,272.56
푸팅	24.48	3.43	0.51	1.75
속채움모래	4,558.65	638.21	7.46	4,761.05
덮개콘크리트	188.26	26.36	14.55	383.54
상부공	1,534.32	214.80	16.59	3,564.28
합계	7,755.43	1,085.76	—	9,983.18

f) 동수압의 계산

풍차 기초부에 작용하는 동수압은 다음 식으로 구한다.

$$P_{dw} = \pm \frac{7}{8} k_h w_0 \sqrt{H \cdot y}$$

여기서, P_{dw} : 동수압(kN/m^2)

k_h : 설계수평진도(=0.14)

w_0 : 해수의 단위체적중량(=10.1kN/m^2)

H : 수심(=16.50m)

y : 수면에서 동수압을 산정하는 점까지의 깊이(=13.50m)

동수압의 합력, 작용위치 및 모멘트는 다음 식으로 구한다.

$$P_{dw} = 2 \times \int_0^y \frac{7}{8} k_h w_0 \sqrt{H \cdot y} \ dy = 2 \times (\pm \frac{7}{12} k_h w_0 H^{1/2} y^{3/2})$$

$$= 2 \times \frac{7}{12} \times 0.14 \times 10.1 \times 16.50^{1/2} \times 13.5^{3/2}$$

$$= 332.38 kN/m$$

$$h_{dw} = 3/5 \times y$$

$$= 8.10m$$

$$M_D = P_{dw} \times (y - h_{dw}) = 332.38 \times (13.50 - 8.10)$$

$$= 1,794.85 \text{kN} \cdot \text{m/m}$$

여기서, P_{dw} : 동수압의 합력(kN/m)

h_{dw} : 수면에서 동수압 합력 작용위치까지의 거리(m)

M_D : 동수압 합력의 모멘트(kN·m/m)

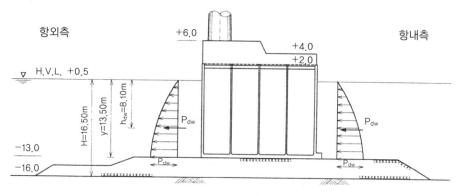

그림 3.4.10 동수압 분포도

(6) 풍차 본체에 작용하는 외력의 산정

풍차 본체에 작용하는 외력은 풍차의 자중, 파력, 풍하중, 지진력이다. 이들 각각에 대해 다음과 같이 산정한다.

① 풍차의 자중

풍차 본체의 자중은 타워, 나셀, 블레이드의 중량을 각각 더하여 구한다.

타워의 중량 : 91.00tf = 892.44kN ÷ 12m = 74.37kN/m

나셀의 중량 : 57.00tf = 559.00kN ÷ 12m = 46.58kN/m

블레이드의 중량 : 23.00tf = 225.56kN ÷ 12m = 18.80kN/m

합 계 W : 1,677.00kN ÷ 12m = 139.75kN/m

풍차의 자중에 의한 모멘트는 풍차의 설치위치가 방파제 법선으로부터 3.0m 떨어져 있으므로 폭풍, 지진 시 각각에 대해 다음과 같이 산정한다.

폭풍시 ⋯ $W \cdot x$ = 139.75 × (21.0 − 3.0)

$\qquad$ = 2,515.50kN⋅m/m

지진시 ⋯ $W \cdot x'$ = 139.75 × 3.0

$\qquad$ = 419.25kN⋅m/m

② 풍차에 작용하는 파력

풍차에 작용하는 파력은 1.2 파랑에 따라서 다음과 같이 산정한다.

$$p = 0.5 \cdot w_0 H_{max}$$

$$= 0.5 \times 10.1 \times 13.10$$

$$= 66.16 \text{kN}/\text{m}^2$$

여기서, P $\quad$: 타워에 작용하는 파압강도(kN/m^2)

$\quad$ w_0 $\quad$: 해수의 단위체적중량$(=10.1\text{kN}/\text{m}^2)$

$\quad$ H_{max} : 설계에 사용하는 최대파고$(=13.10\text{m})$

$$\eta_{max} = \max\{0.75 \cdot H_{max}, [0.55 \cdot H_{max} + 0.7 \cdot (h_c - h)]\}$$

$$= \max\{0.75 \times 13.10, [0.55 \times 13.10 + 0.7(19.0 - 13.5)]\}$$

$$= \max\{9.825, 11.055\}$$

$$= 11.06\text{m}$$

여기서, H_{max} : 설계에 사용하는 최대파고$(=13.10\text{m})$

$\quad$ h_c $\quad$: 해저에서 방파제 천단까지의 높이$(=19.00\text{m})$

$\quad$ h $\quad$: 전면수심$(=13.50\text{m})$

이상으로부터, 풍차에 작용하는 파력 및 모멘트는 다음과 같다.

$$P = 66.16 \times (3.743+4.025) / 2 \times (11.06-5.5)$$

$$= 1,428.73\text{kN}$$

단위길이당 파력은 케이슨 길이로 나누어 구한다.

$$P' = 1,428.73 \ / \ 12$$
$$= 119.06 \text{kN/m}$$

또한 작용위치는 다음과 같이 산정한다.

$$x = \frac{2 \times 3.743 + 4.025}{3.743 + 4.025} \times \frac{11.06 - 5.5}{3} + 19.00$$

$$= 21.75 \text{m}$$

따라서 풍차에 작용하는 파력에 의한 모멘트는 다음과 같다.

$$P' \cdot x = 119.06 \times 21.75$$
$$= 2,589.56 \text{kN} \cdot \text{m/m}$$

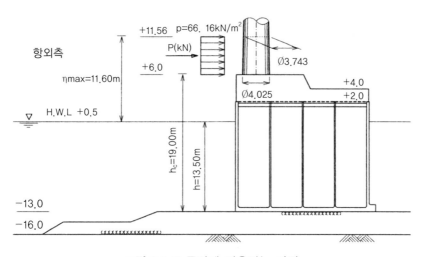

그림 3.4.11 풍차에 작용하는 파력

③ 제체중량 및 외력의 정리

풍차 기초 및 풍차에 작용하는 하중을 정리하면 〈표 3.4.12〉, 〈표 3.4.13〉과 같다.

표 3.4.12 풍차 기초 및 풍차에 작용하는 외력(폭풍 시)

외력	검토 case	폭풍 시			
		수평력 H(kN/m)	연직력 V(kN/m)	기동모멘트 M_D(kN·m/m)	저항모멘트 M_R(kN·m/m)
풍차기초부	제체중량	—	7,755.43	—	87,396.58
	파력	2,180.49	—	20,545.74	—
	양압력	—	−967.20	—	−13,863.20
	부력	—	−2,737.30	—	−30,002.25
풍차본체	풍차자중	—	139.75	—	2,515.50
	파력	119.06	—	2,589.56	—
	풍하중	63.32	—	4,176.02	—
합계		$\sum$H=2,362.87	$\sum$V=4,190.68	$\sum M_D$=27,311.32	$\sum M_R$=46,046.63

풍력 시

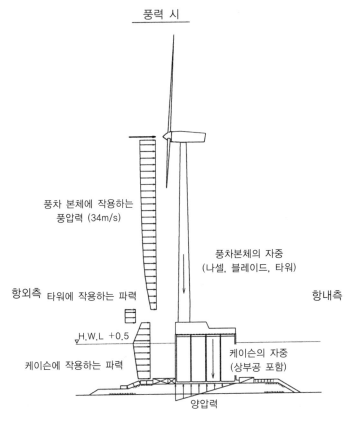

풍차 본체에 작용하는 풍압력 (34m/s)

풍차본체의 자중 (나셀, 블레이드, 타워)

항외측 타워에 작용하는 파력

항내측

H.W.L +0.5

케이슨에 작용하는 파력

케이슨의 자중 (상부공 포함)

양압력

그림 3.4.12 작용하중 모델도(폭풍 시)

표 3.4.13 풍차 기초 및 풍차에 작용하는 외력(지진 시)

외력	검토 case	지진 시			
		수평력 H(kN/m)	연직력 V(kN/m)	기동모멘트 M_D(kN·m/m)	저항모멘트 M_R(kN·m/m)
풍차기초부	제체중량	—	7,755.43	—	75,460.33
	부력	—	−2,737.30	—	−27,482.49
	지진력	1,085.76	—	9,983.18	—
	동수압	332.38	—	1,794.85	—
풍차본체	풍차자중	—	139.75	—	419.25
	풍하중	21.45	—	1,632.91	—
	지진력	41.92	—	2,837.97	—
합계		$\sum$H=1,481.51	$\sum$V=5,157.88	$\sum M_D$=16,248.91	$\sum M_R$=48,397.09

지진 시

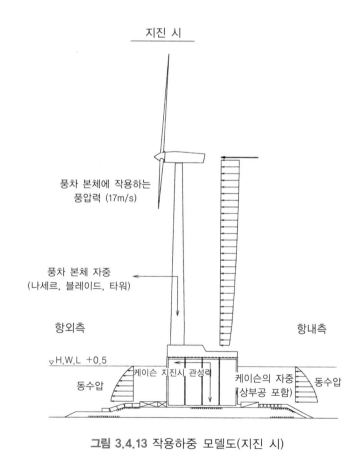

그림 3.4.13 작용하중 모델도(지진 시)

(7) 상부공의 안정 계산

상부공의 안정 계산은 2.5.7(4) '상부공의 안정 계산'을 참고해서 한다.

① 폭풍 시

상부공에 작용하는 외력은 제체중량 및 외력으로 산정한 것을 사용한다. 단, 상부 콘크리트에 작용하는 파력은 별도로 산정할 필요가 있다.

상부 콘크리트에 작용하는 파력과 모멘트를 〈표 3.4.14〉에 나타낸다.

표 3.4.14 파압합력과 모멘트

	계산식	P(kN/m)	y(m)	P·y(kN·m/m)
①	1/2×89.44×4.00	178.88	2.67	477.61
②	1/2×116.48×4.00	232.96	1.33	309.84
	합계	411.84	—	787.45

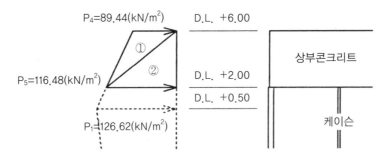

그림 3.4.14 상부 콘크리트에 작용하는 파력

모멘트의 기준위치가 제체(堤体) 항내측 단지(端趾)에서 상부 콘크리트 항내측 단지로 변하므로 각 하중에 대해 모멘트를 다시 산정한다.

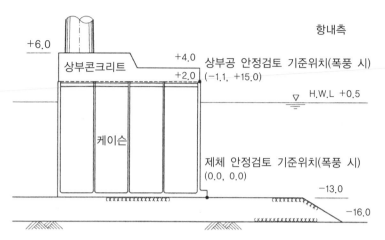

그림 3.4.15 기준점의 변경도(폭풍 시)

폭풍 시 상부공에 작용하는 외력을 정리하면 〈표 3.4.15〉와 같다.

표 3.4.15 상부공에 작용하는 외력(폭풍시)

외력	검토 case	폭풍시					
		수평방향		연직방향		기동모멘트 M_D(kN·m/m)	저항모멘트 M_R(kN·m/m)
		수평력 H(kN/m)	Y(m)	연직력 V(kN/m)	x(m)		
풍차기초부	상부콘크리트의 중량	—	—	1,534.32	11.43	—	17,537.28
	파력	411.84	1.91	—	—	787.45	—
풍차본체	풍차자중	—	—	139.75	16.9	—	2,361.78
	파력	119.06	6.75	—	—	803.66	—
	풍하중	63.32	50.95	—	—	3,226.15	—
합계		$\sum H$=594.22	—	$\sum V$=1,674.07	—	$\sum M_D$=4,817.26	$\sum M_R$=19,899.06

a) 활동

$$F = \frac{\mu \cdot V}{H} = \frac{0.50 \times 1,674.07}{594.22} = 1.41 > 1.2 \ (OK)$$

b) 전도

$$F = \frac{M_R}{M_D} = \frac{19,899.06}{4,817.26} = 4.13 > 1.2 \ (OK)$$

② 지진 시

지진 시에는 모멘트의 기준위치가 제체 항외측 단지에서 상부 콘크리트 항외측 단지로 변하므로 각 하중에 대해 모멘트를 다시 산정한다.

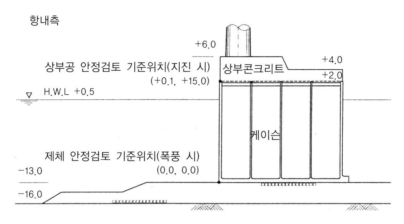

그림 3.4.16 기준점의 변경도(폭풍 시)

폭풍 시와 마찬가지로, 지진 시 상부공에 작용하는 외력을 정리하면 〈표 3.4.16〉과 같다.

표 3.4.16 상부공에 작용하는 외력(지진 시)

외력	검토 case	지진시					
		수평방향		연직방향		기동모멘트 M_D(kN·m/m)	저항모멘트 M_R(kN·m/m)
		수평력 H(kN/m)	Y(m)	연직력 V(kN.m)	x(m)		
풍차기초부	상부 콘크리트의 중량	—	—	1,534.32	8.37	—	12,842.26
	지진력	214.80	1.59	—	—	341.53	—
풍차본체	풍차자중	—	—	139.75	2.9	—	405.28
	지진력	41.92	52.7	—	—	2,209.18	—
	풍하중	21.45	61.13	—	—	1,311.24	—
합계		$\sum H$=278.17	—	$\sum V$=1,674.07	—	$\sum M_D$=3,861.95	$\sum M_R$=13,247.54

a) 활동

$$F = \frac{\mu \cdot V}{H} = \frac{0.50 \times 1,674.07}{278.17} = 3.01 > 1.0 \ \ (OK)$$

b) 전도

$$F = \frac{M_R}{M_D} = \frac{13,247.54}{3,861.95} = 3.43 > 1.1 \ \ (OK)$$

(8) 제체의 안정 계산

제체의 안정 계산은 2.5.9 제체의 안정 계산을 참고해서 한다. 작용하는 외력은 〈표 3.4.12〉
와 〈표 3.4.13〉을 사용한다.

〈활동〉   〈전도〉

$$F = \frac{\mu \cdot V}{H} \qquad\qquad\qquad F = \frac{M_R}{M_D}$$

여기서, V : 하중의 연직합력(kN/m)

H : 하중의 수평합력(kN/m)

μ : 마찰계수(=0.70)

M_R : 연직합력에 의한 모멘트(kN·m/m)

M_D : 수평합력에 의한 모멘트(kN·m/m)

① 폭풍시

a) 활동

$$F = \frac{\mu \cdot V}{H} = \frac{0.70 \times 4,190.68}{2,362.87} = 1.24 > 1.2 \ \ (OK)$$

b) 전도

$$F = \frac{M_R}{M_D} = \frac{46,046.63}{27,311.32} = 1.69 > 1.2 \ \ (OK)$$

② 지진시
a) 활동

$$F = \frac{\mu \cdot V}{H} = \frac{0.70 \times 5,157.88}{1,481.51} = 2.44 > 1.0 \quad (OK)$$

b) 전도

$$F = \frac{M_R}{M_D} = \frac{48,397.09}{16,248.91} = 2.98 > 1.1 \quad (OK)$$

(9) 기초의 지지력 및 경사부 안정의 검토

여기서는 저판반력(底版反力)을 산정하고, Bishop법으로 편심경사하중을 검토한다.

① 폭풍시
a) 저판반력

$$x = (M_R - M_D)/V = (46,046.63 - 27,311.32)/4,490.68 = 4.47m$$

$$e = (b/2) - x = (21.00/2) - 4.47 = 6.03m > 1b/6 = 1 \times 21.00/6 = 3.50m$$

따라서 반력은 삼각형 분포가 된다.

최대저면반력 : $p_1 = (2/3) \times (V/x) = (2 \times 4,190.68)/(3 \times 4.47) = 625.01kN/m^2$

분포폭 : $b' = 3 \cdot b' = 3 \cdot x = 3 \times 4.47 = 13.41m$

b) 편심경사하중에 의한 검토

Bishop법으로 편심경사하중을 계산하고, 그 계산결과를 나타낸다.

삼각형 분포이기 때문에,

등분포하중 : $q = (p_1 \cdot b')/(4 \cdot x) = (625.01 \times 13.41)/(4 \times 4.47) = 468.76kN/m^2$

분포폭 : $x' = 2 \cdot x' = 2 \times 4.47 = 8.94m$

수평력 : $H = 2,362.87kN/m$

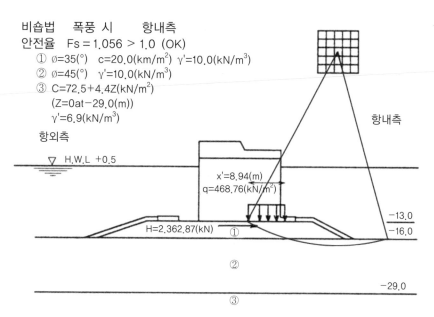

비숍법 폭풍 시   항내측
안전율 Fs = 1.056 > 1.0 (OK)
① ∅=35(°) c=20.0(km/m²) γ'=10.0(kN/m³)
② ∅=45(°) γ'=10.0(kN/m³)
③ C=72.5+4.4Z(kN/m²)
  (Z=0at−29.0(m))
  γ'=6.9(kN/m³)
항외측

▽ H.W.L +0.5

x'=8.94(m)
q=468.76(kN/m²)

항내측

H=2,362.87(kN) ①

−13.0
−16.0

②

−29.0
③

그림 3.4.17 Bishop법에 의한 계산결과(폭풍 시)

② 지진시

  a) 저판반력

$$x = (M_R - M_D)/V = (48,397.09 - 16,248.91)/5,157.88 = 6.23m$$

$$e = (b/2) - x = (21.00/2) - 6.23 = 4.27m > 1b/6 = 1 \times 21.00/6 = 3.50m$$

  따라서 반력은 삼각형 분포가 된다.

  최대저면반력 : $p_1 = (2/3) \times (V/x) = (2 \times 5,157.88)/(3 \times 6.23) = 551.94kN/m^2$

  분포폭 $b' = 3 \cdot x = 3 \times 6.23 = 18.69m$

  b) 편심경사하중에 의한 검토

  Bishop법으로 편심경사하중을 계산하고, 그 계산결과를 나타낸다.

  삼각형분포이기 때문에,

  등분포하중 : $q = (p_1 \cdot b')/(4 \cdot x) = (551.94 \times 18.69)/(4 \times 6.23) = 413.96kN/m^2$

  분포폭 : $x' = 2 \cdot x' = 2 \times 6.23 = 12.46m$

  수평력 : $H = 1,481.51kN/m$

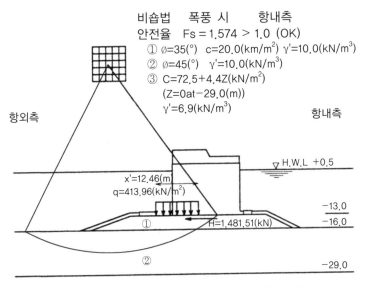

비숍법   폭풍 시   항내측
안전율   Fs = 1.574 > 1.0 (OK)
① ∅=35(°) c=20.0(km/m²) γ'=10.0(kN/m³)
② ∅=45(°)   γ'=10.0(kN/m³)
③ C=72.5+4.4Z(kN/m²)
(Z=0at−29.0(m))
γ'=6.9(kN/m³)

항외측   항내측

▽ H.W.L +0.5

x'=12.46(m
q=413.96(kN/m²)

−13.0
−16.0

① H=1,481.51(kN)

②

−29.0

그림 3.4.18 Bishop법에 의한 계산결과(지진 시)

(10) 제체 전체의 안정계산

제체에 대해 수정 페레니우스법에 의한 원호 활동을 계산하고, 안정성을 검토한다. 검토는
항내측과 항외측 각각에 대해 한다.

① 항내측

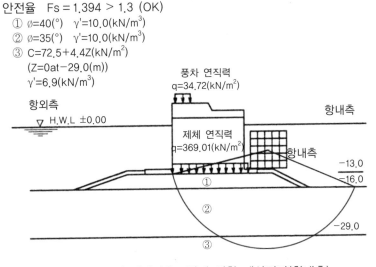

비숍법   폭풍 시   항내측
안전율   Fs = 1.394 > 1.3 (OK)
① ∅=40(°)   γ'=10.0(kN/m³)
② ∅=35(°)   γ'=10.0(kN/m³)
③ C=72.5+4.4Z(kN/m²)
(Z=0at−29.0(m))
γ'=6.9(kN/m³)

풍차 연직력
q=34.72(kN/m²)

항외측   항내측
▽ H.W.L ±0.00

제체 연직력
q=369.01(kN/m²)

항내측

−13.0
−16.0

①

②

③

−29.0

그림 3.4.19 수정 페레니우스법에 의한 계산결과(항내측)

② 항외측

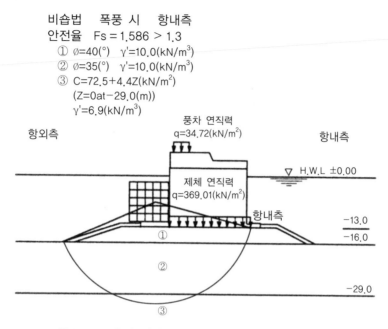

비숍법 폭풍 시 항내측
안전율 Fs = 1.586 > 1.3
① ∅=40(°) γ'=10.0(kN/m³)
② ∅=35(°) γ'=10.0(kN/m³)
③ C=72.5+4.4Z(kN/m²)
   (Z=0at-29.0(m))
   γ'=6.9(kN/m³)

항외측

풍차 연직력
q=34.72(kN/m²)

항내측

제체 연직력
q=369.01(kN/m²)

항내측

H.W.L ±0.00

-13.0
-16.0

①

②

-29.0

③

그림 3.4.20 수정 페레니우스법에 의한 계산결과(항외측)

(11) 검토결과 일람

표 3.4.17 검토결과 일람표

		폭풍 시	지진 시
상공부 안정	활동	1.41>1.2 (OK)	3.01>1.0 (OK)
	전도	4.13>1.2 (OK)	3.43>1.1 (OK)
제체 안정	활동	1.24>1.2 (OK)	2.44>1.0 (OK)
	전도	1.69>1.2 (OK)	2.98>1.1 (OK)
	저면반력	p_1=625.01(kN/m²) b'=13.41(m)	p_1=551.94(kN/m²) b'=18.69(m)
	편심경사하중 (비숍법)	1.056>1.0 (OK)	1.574>1.0 (OK)
제체 전체의 안정 (수정 펠레니우스법)		항내측 1.394>1.3 (OK)	항외측 1.586>1.3 (OK)

해 · 상 · 풍 · 력 · 발 · 전 · 기 · 술 · 매 · 뉴 · 얼

제4편 시공 및 유지관리

01 사전조사

풍력발전시설의 기초에서부터 시설의 본체 및 전송선의 시공에 이르기까지 시공계획의 입안(立案) 또는 시공관리상 필요한 사전조사를 할 필요가 있다.

[해설]

풍력발전시설의 축조공사를 안전하고 확실히 실시하기 위해 시공계획의 입안 또는 시공관리상 필요한 조사를 실시해야 한다. 이들 조사의 내용과 정도는 시설 설치장소의 현장상황 등에 의해 다르며 주요 조사내용은 아래와 같다.

(1) 자연조건의 조사
- 기상 : 강우일수, 기온, 풍향, 태풍. 안개 등
- 해상 : 파고(波高), 파(波)의 주기, 조위, 조류 등
- 수문(水文) : 강우량, 강설량, 수위, 유속, 유량 등

(2) 지형, 심천(深淺), 지질의 조사
- 지형 : 육상부의 고저 차, 지표의 구배 등
- 심천 : 해저면의 지반 형상 등
- 지질 : 현 지반의 토질구성, 공학적 성질 등

(3) 현장·근처 상황의 조사
- 기설(既設) 구조물의 유무, 위치 및 형상의 치수
- 근처 항만시설의 상황(이용 가능성, 규모, 계획수심 등)
- 지장을 주는 물건의 유무(지하 매설물, 공역(空域) 제한 등)
- 자재반입 루트의 상황

02 해상풍차기초의 시공

2.1 풍차기초의 시공방법

해상에 풍차의 기초를 시공할 때에는, 풍차의 규격, 설치장소에 맞는 적절한 시공방법을 검토할 필요가 있다.

[해설]

해외의 시공사례에서는 해상풍력발전의 기초구조형식으로 '케이슨식 기초', '모노파일식 기초'가 많이 사용되고 있다. 이하에서는 이 2가지 외에 '자켓식 기초'의 시공방법도 아울러 소개한다.

2.2 케이슨식 기초

(1) 계획 개요도

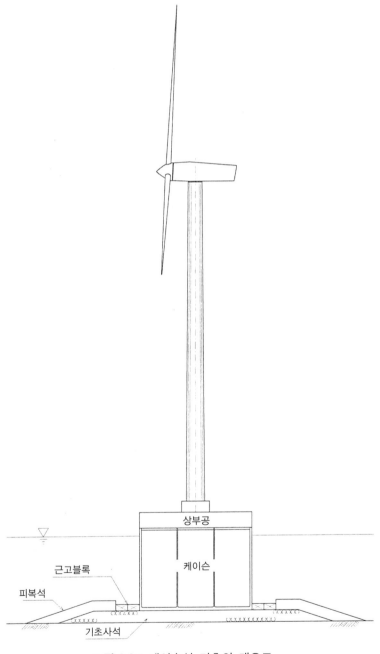

그림 2.2.1 케이슨식 기초의 개요도

(2) 시공의 흐름(flow)

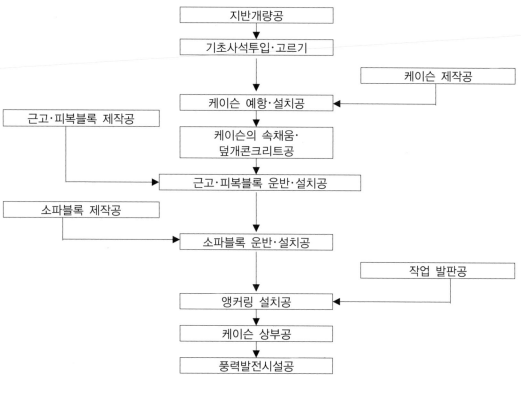

그림 2.2.2 시공 흐름도

    표준적인 시공의 흐름은 〈그림 2.2.2〉에 나타낸 바와 같으나, 해저지반의 토질 조건에 따라 지반개량공을 실시할 필요가 없는 경우도 많다. 그리고 소파블록공은 설계조건에 따라 실시하지 않는 경우가 있으며, 또 실시할 경우 케이슨 상부공 또는 풍력발전시설의 설치 후에 이루어지기도 한다.

(3) 시공개요도

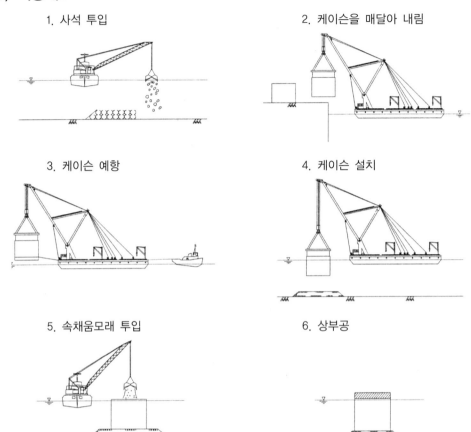

1. 사석 투입

2. 케이슨을 매달아 내림

3. 케이슨 예항

4. 케이슨 설치

5. 속채움모래 투입

6. 상부공

그림 2.2.3 케이슨식 기초의 시공 개요도

(4) 케이슨의 설치

케이슨의 설치방법은 케이슨의 중량, 시공장소에서 조달할 수 있는 작업선의 종류 및 작업기계에 따라 다르다. 아래에 표준적인 2가지 방식을 나타낸다. 현장조건과 제약조건 등을 고려해 가장 적절한 시공방법을 선정하도록 한다.

· 윈치 방식 : 본체를 부상시킨 상태에서, 케이슨 본체에 장치한 와이어를 윈치를 조작해 설치하는 방법

· 매달아 내리는 방식 : 케이슨 본체를 기중기선에 매달고 현장으로 운반해 설치하는 방법

1) 윈치방식

소정의 설치 정도(精度)를 얻을 수 있도록 케이슨의 중량과 해상조건을 감안해 설치 앵커

의 질량·설치 와이어 리그·설치 원치 설비를 계산한다.

설치할 때에는 케이슨으로의 주수(注水)가 소정의 위치상에 있음을 확인하고, 각 실(室)의 수위차가 1m 이내가 되도록 주수한다. 그리고 기초의 마운드를 파손하지 않도록 함체가 마운드 상에 달하기 전에 주수를 정지, 최종적으로 케이슨을 끌어당기고, 설치 위치의 확인 및 위치 수정 후 주수해 착저시킨다. 또한 기설 케이슨과의 사이에 쿠션재를 대서 케이슨끼리 충돌하지 않도록 할 필요가 있다.

2) 매달아 내리는 방식

기중기선의 규격은, 케이슨의 제작장소·중량, 저판의 부착력 등 매달 하중을 산정하고 적용규격을 선정한다. 기중기선으로 매달아 내리는 작업을 할 경우, 케이슨 벽 방향의 하중이 작용하지 않도록 강제(鋼製)로 된 기구를 사용한다. 케이슨을 매달아 올리기에 앞서 매다는 기구의 강도와 매달 위치 및 매달 곳의 수를, 매달 하중을 고려해 결정한다. 그리고 케이슨을 설치할 때에는 케이슨 안으로 주수하면서 원치 등으로 기설 함(函)에 끌어당기고 줄눈의 간격, 법선 정렬에 세심한 주의를 기울여 체크하면서 서서히 매달아 내려 설치한다. 케이슨 간의 파손 방지는 앞에서 설명한 바와 같다.

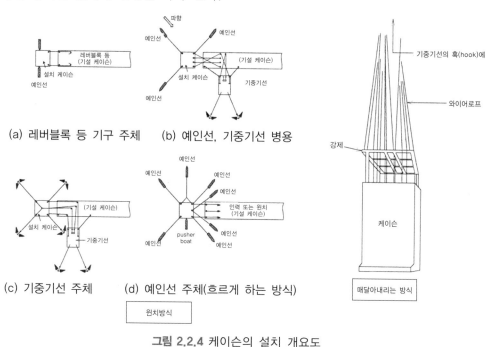

그림 2.2.4 케이슨의 설치 개요도

(5) 속채움·덮개콘크리트

속채움 재료를 투입할 때에는 격벽에 손상을 주거나, 편중된 투입으로 부등침하를 일으키지 않도록 트랜싯(transit), 레벨 등으로 케이슨의 거동을 관측하고, 충분히 주의해서 시공할 필요가 있다. 덮개콘크리트 시공에서는 속채움 천단의 불균일과 불충분한 배수로 덮개콘크리트의 두께가 부족하거나, 강도가 부족해지는 일이 없도록 충분히 고려할 필요가 있다. 또한 수중 콘크리트가 될 경우는 상응하는 강도의 할증과 유출방지 대책이 필요하다.

(6) 앵커링의 설치

케이슨의 상부공 시공에 앞서 풍차 설치용 앵커링을 규정된 위치에 설치할 필요가 있다. 앵커링을 설치할 때에는 앵커링을 규정된 정도(精度)로 설치하기 위해 케이슨에 H강(鋼) 등으로 작업대를 설치하고, 설치높이의 조정이 가능한 조절장치 기능을 갖게 하는 궁리가 필요하다.

(7) 케이슨식 기초의 시공사례

이하는 유럽에서 케이슨식 기초로 시공한 풍차의 시공 사례이다.

■ Tunø Knob 집합형 풍력발전 플랜트(Wind Farm)(1995년, Offshore)
입지 : Jutland 반도 동해안에서 6km, Tunø 섬에서 3km
수심 : 3~5m
풍차 : VESTAS제 500kW×10기, 로터의 직경 39m, 허브 높이 43m
기초 : 중력식(원형 케이슨 : 유빙의 충돌을 고려한 형상)
케이블 : 해저에서 1.2~1.5m 깊이에 매설, 기계·제트(jet) 병용
사용자 : ELSAM→Midcraft 전력 회사 I/S

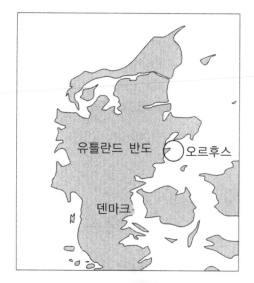

케이슨식 기초

■ Middelgrunden 집합형 풍력발전 플랜트(Wind Farm)(2000년, Offshore)

입지 : 코펜하겐 외해 3km, 전체길이 3.4km, 풍차 간 182m

수심 : 3∼5m

풍차 : BONUS제 2000kW×20기, 로터의 직경 76m, 허브 높이 64m

기초 : 중력식(원형 케이슨 : 유빙의 충돌을 고려한 형상)

　　　높이 약 11m, 직경 18m, 1800t

지반 : 당초 쓰레기 매립지를 굴삭, 암질(岩質)

케이블 : 부이식으로 부설, 풍차 간은 50cm, W.F.에서 연안 사이는 1m 깊이로 매설
　　　　20기(基) 중앙부에서 연안으로 연계, 양 단부에도 증설 예정 있음

사업자 : Copenhagen 에너지 회사, Middelgrunden 풍력발전협동조합

기초설계 : Carl Bro

기초시공 : Monberg & Thorsen, EIDE

풍차설치 : Swicher(SFP＋크롤러(crawler))

전기공사 : NKT 케이블

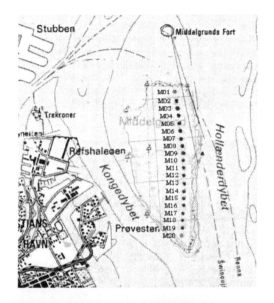

〈시공상황〉

드라이 독(dry dock) 내부

드라이 독 전경

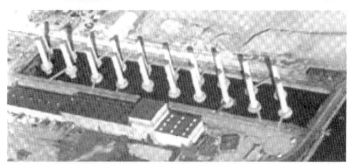

기초＋타워 1단(段)의
완성 전경

풍차기초의 운반상황

케이슨식 기초

2.3 모노파일식 기초

(1) 계획 개요도

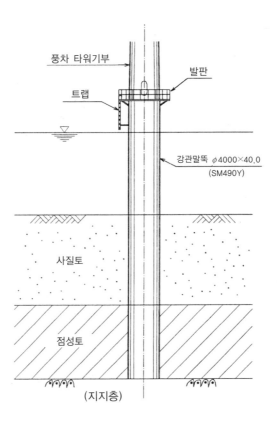

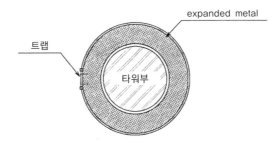

그림 2.3.1 모노파일식 기초의 개요도

(2) 시공의 흐름

```
┌─────────────────────────────┐
│        모노파일 제작공        │
└─────────────────────────────┘
              ↓
┌─────────────────────────────┐
│  타워 받침지그(受け治具) 설치공 │
└─────────────────────────────┘
              ↓
┌─────────────────────────────┐
│        모노파일반입공         │
└─────────────────────────────┘
              ↓
┌─────────────────────────────┐
│      모노파일 타설준비공      │
└─────────────────────────────┘
              ↓
┌─────────────────────────────┐
│        모노파일 타설공        │
└─────────────────────────────┘
              ↓
┌─────────────────────────────┐
│ 완충기능·풍차 본체설치 발판공 │
└─────────────────────────────┘
              ↓
┌─────────────────────────────┐
│       풍력발전 시설공         │
└─────────────────────────────┘
```

그림 2.3.2 시공 흐름도

(3) 시공 개요도

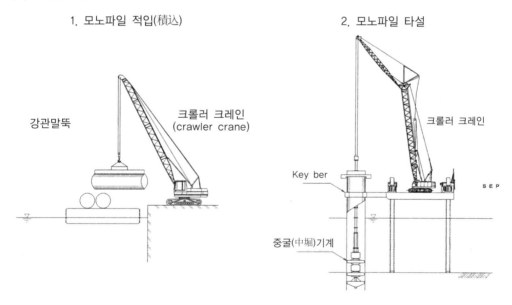

1. 모노파일 적입(積込)

강관말뚝

크롤러 크레인
(crawler crane)

2. 모노파일 타설

크롤러 크레인

Key ber

SEP

중굴(中堀)기계

그림 2.3.3 모노파일식 기초의 개요도

(4) 모노파일 제작

풍차의 타워기(tower基) 부분은, 대략 Ø3500~Ø5000mm 정도이기 때문에 모노파일은 이와 같은 정도의 대구경 말뚝이 되며, 또 설계조건에 따라 판의 두께도 50mm 정도가 되는 경우가 많다.

모노파일의 제작은 강판을 롤 밴드 또는 프레스 밴드 방식으로 가공하고, 단부(端部)를 용접구조에 의한 권판(卷板) 강관을 설계길이에 맞추어 용접해 잇는 구조가 된다. 제작에서는 재료 및 부품(강판, 용접재료, 도료 등), 제작(실물 크기의 치수, 부재 가공, 조립, 용접, 출하)을 기재한 제작요령서를 작성하고 그에 기초해서 제작한다.

(5) 모노파일 운반

모노파일은 일반적인 강관말뚝에 비해 질량이 크므로 타설 개수도 함께 고려해 화물선으로 운반할지, 대선(臺船)에 필요한 장비를 갖추어 운반할지 등에 대해 검토할 필요가 있다.

(6) 모노파일 타설

강관말뚝의 타설방법에는 크게 나누어 다음과 같은 방법이 있다.

1) 타격 공법

   디젤해머, 유압해머, 바이브로 해머 등

2) 중굴 공법

   캐싱(casing), 어스 오거(earth auger), 다운 더 홀(down the hole) 등

Ø2000mm가 넘는 대구경 말뚝을 타설하는 데에는 유압해머에 의한 타격공법이 있으며, 말뚝의 타입(打込) 저항에 충분히 이겨낼 정도의 유효 에너지를 가진 해머를 사용해야 한다.

중굴공법에 의한 경우에 대해서도 토질조건을 확인하고, 타설 가능한 오거(auger)출력, 해머의 중량 등을 검토해 가장 적합한 기종을 선정해야 한다.

(7) 풍차 받침지그(受け治具)

모노파일의 상부에는 풍차의 타워가 설치되기 위한 장치용 지그(jig)를 설치할 필요가 있다. 이 설치 지그는 풍차 제조회사의 사양에 명시되어 있는 형상의 치수여야 하며 또 풍차의 하중을 자켓에 전달할 충분한 강도를 갖고 있어야 한다. 그리고 타워 설치높이의 조정이 가능한 조절장치(adjuster) 기능을 갖도록 할 궁리가 필요한 경우도 있다. 풍차 받침지그(受け

治具)는 모노파일의 제작시점에서 미리 설치해 두는 경우가 많다. 또한 모노파일의 상부에는 타워 설치용 또는 시설 유지관리용 발판 시설이 필요하다.

(8) 모노파일식 기초의 시공사례
이하는 유럽에서 모노파일식 기초로 시공한 풍차의 시공 사례이다.

■ Blyth Offshore 집합형 풍력발전 플랜트(2000년, Offshore)

입지 : Blyth항 외해 1km

수심 : 6m

풍차 : Vestas제 2000kW×2기, 로터의 직경 66m, 허브 높이 58m

기초 : 모노파일, Ø3700mm, 해저에서 12~15m 굴삭, 그라우트

케이블 : L.W.L.−11.5m로 매설, Blyth항 방파제 하부를 통해 연안에 연계

사업자 : Blyth Offshore Wind Limited

　　　　(PowerGen Renewables, Shell Renewables, NUON UK, AMEC Border Wind)

기초설계 : Vestas LIC

모노파일식 기초

■ Yttre Stengrund 집합형 풍력발전 플랜트(Wind Farm)(2000년 Offshore)

입지 : Kalmarsund, Kristianopel 외해 3km

수심 : 8~10m, 조위 0.25m 정도

풍차 : NEG-MICON제 2000kW×5기, 타워는 2분할

기초 : 모노파일, Ø3800mm, T=40mm, L=30~40m(1개),

　　　Ø4000mm 드릴로 해저에서 20m 굴삭, 그라우트 충전(充塡)

지반 : 해저에서 10m는 사력층(砂礫層), 그 아래는 암질(Bedrock)

케이블 : 케이블 부설선(敷設船), 50cm 깊이로 매설(잠수부)

　　　　타워 하부에서 옆 풍차로 접속, Kristianopel로 연계

사업자 : Vindkompaniet

위치도

가동상황

모노파일식 기초

모노파일식 기초시공 상황

중굴기계

2.4 자켓식 기초

(1) 계획의 개요도

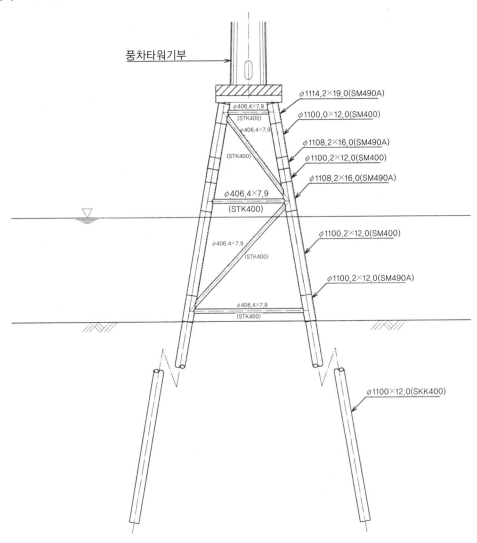

그림 2.4.1 자켓식 기초의 개요도

(2) 시공의 흐름

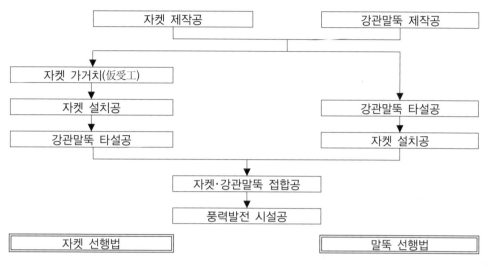

그림 2.4.2 시공 흐름도

(3) 시공 개요도

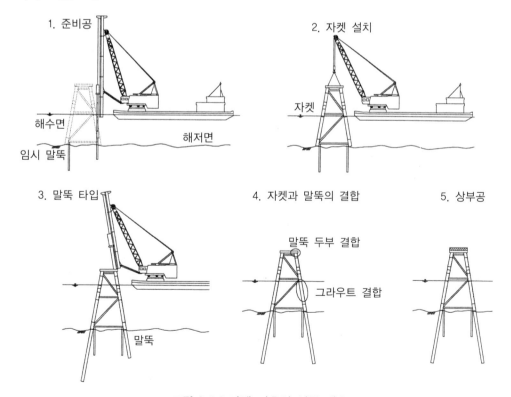

그림 2.4.3 자켓 기초의 시공 개요도

(4) 자켓 제작

주요 구조가 강관으로 구성되는 자켓 구조는 그 특성에 따라 적절한 가공설비와 순서로 제작한다. 제작할 때에는 가능한 한 고소(高所) 작업을 피하고, 안전 및 품질을 확보하기 위해 적절한 제작순서를 선택한다.

자켓의 제작순서 예는 다음과 같다.

    1) 블록제작

    2) 평면조립

    3) 입체조립

또 자켓 구조를 제작할 때에는 원칙적으로 이하의 항목을 기재한 제작요령서를 작성한다.

    1) 재료 및 부품(강재, 용접재료, 도료)

    2) 제작(실제 치수, 부재가공, 조립, 용접, 출하)

(5) 자켓 설치

    1) 자켓 임시받침(仮受)

풍차의 기초로서 자켓공법을 채용할 경우에는 설치의 정도(精度)를 확보하기 위해 임시받침(仮受)을 마련한다. 가거치(仮受工)로는 자켓을 직접 해저지반에서 임시받침(仮受)하는 방법, 임시받침(仮受)말뚝을 타설하는 방법 및 본 말뚝을 먼저 타설하고 임시받침(仮受)로서 겸용하는 방법 등이 있다.

각 공법에 대해 사전에 구조계산을 해 상세계획을 입안하고, 자켓의 설치 정도를 확보하기 위한 시공 관리항목을 설정해야 한다. 시공사례가 많다고 상정되는 임시받침(仮受)말뚝을 타입할 때 집게(tongs)를 사용할 경우에는 집게와 임시받침(仮受)말뚝의 접속방법과 수중에서의 관리치 확인방법도 검토할 필요가 있다.

    2) 자켓 설치

자켓 설치 정도(精度)의 양부(良否)는 구조물 그 자체의 완성형에 큰 영향을 준다. 따라서 설치는 설계도서에 정해진 정도(精度)로 정확하게 실시할 필요가 있다.

평면위치의 정도를 확보하는 방법으로 유도재(導材)[4]를 이용하는 것도 생각해 볼 수 있다. 또한 높이 및 경사의 정도는 가거치(仮受工) 정도에 좌우되는데, 정도의 확보를 위해 스페이서(spacer) 등을 사용한 조정이 필요할 때도 있다.

---

4) 도재(導材) : 강판(鋼矢板), 강관말뚝(鋼管杭) 등을 타설할 때 사용하는 가이드(역자 주)

(6) 강관말뚝의 타설

말뚝을 타설할 때는 자켓에 충격을 주어 이동과 변형이 일어나지 않도록 주의해 시공해야 한다. 그리고 자켓의 이동이 발생하지 않도록 말뚝의 타설 순서를 고려할 필요도 있다.

타설 말뚝은 설계조건에서 명시하는 허용지지력과 인발력(引拔力)을 충족하는 것이어야 한다. 설계도서에 나타내는 근입길이를 확보할 수 없다고 판단될 경우에는 보조공법을 포함해 검토해야 한다.

(7) 자켓과 강관말뚝의 결합

자켓은 말뚝과 확실히 결합해, 자켓이 작용하는 힘을 말뚝에 전달시키는 구조여야 한다. 자켓과 말뚝의 결합에는 그라우트에 의한 결합과 용접에 의한 결합 2가지 방법이 있다.

① 그라우트에 의한 결합

그라우트제는 레그(leg)와 말뚝의 공극(쏘隙)에 충전할 수 있고, 그 공극에 해수가 있을 경우는 해수를 치환할 수 있으며, 또 자켓에 작용하는 하중을 말뚝에 확실히 전달하는 강도를 갖는 것이어야 한다. 그라우트의 재료와 주입기계를 선정할 때에는 전술(前述)한 기능이 있어야 하므로, 배합시험 등을 통해 강도를 확인해 계획하는 한편 시공할 때에 공시체[5]를 만들어 강도를 확인해야 한다.

② 용접배합

심 플레이트(Seam plate)에 의한 용접접합은 자켓에 작용하는 하중을 말뚝에 확실히 전하는 강도를 가져야 한다. 그리고 레그와 말뚝의 간격이 항상 일정하지는 않으므로 심 플레이트(Seam plate)의 크기는 현장에서 맞추는 것이 좋다.

(8) 풍차의 지지 구조물(受け架台)

자켓 상부에는 풍차의 타워가 설치되기 때문에 장착용 지그(jig)[6]를 설치할 필요가 있다. 이 장착 지그는 풍차 제조회사의 사양에 명시한 형상의 치수여야 하며, 또 풍차의 하중을 자켓에 전달하기에 충분한 강도를 갖고 있어야 한다. 또 타워의 설치높이 조정이 가능한 조

---

5) 공시체 : 일정한 규격으로 만들어 재질을 시험할 때 쓰는 나뭇조각이나 콘크리트 조각
6) 지그 : 공작물의 소정의 위치에 날붙이를 정확하게 안내하는 공구

절장치(adjuster) 기능을 갖게 하기 위한 궁리도 때에 따라 필요하다.

자켓 상부에는 타워 설치용 또는 시설유지 관리용 비계 시설이 필요하다.

03 풍차본체의 시공

3.1 풍차 본체의 시공방법

> 풍차의 기초에 본체를 설치할 때에는 풍차의 규격과 설치장소에 따라 적절한 시공방법을 검토할 필요
> 가 있다.

3.1.1 풍차(나셀, 블레이드, 타워)

현재까지 설치 실적이 있는 풍력발전시설에서, 해상에 설치하는 고출력 타입의 풍차발전량, 형상 치수, 각 부재의 중량 등을 예시한다.

표3.1.1 풍차의 제원[7]

풍차제원		A	B	C	D	E
정격출력(kW)		660	750	1,500	1,650	2,000
로터 직경(m)		47	48.4	70	66	66
허브 높이(m)		40/45/50/55	65/75	65/85/90	60/67/78	60/67/78
블레이드 매수(매)		3	3	3	3	3
수풍면적(m²)		1,735	1,840	3,850	3,421	3,421
정격전압(V)		690	690	690	690	690
컷인 풍속(m/s)		4.0	3.0	3.0	4.0	4.0
정격풍속(m/s)		16.0	14.0	11.6	17.0	17.0
컷아웃 풍속(m/s)		25.0	20.0	25.0	25.0	25.0
질량	나셀(kN)	200 (20.4)	225 (23.0)	588 (60.0)	559 (57.0)	559 (57.0)
	블레이드(kN)	72 (7.3)	74 (7.6)	196 (20.0)	225 (23.0)	225 (23.0)
	타워(kN)	274(28) /314(32) /362(37) /470(48)	833 [허브 높이 65m] (85)	853 [허브 높이 65m] (87)	892(91) /1,000(102) /1,421(145)	981(100) /1,147(117) /1,560(159)

※ 질량의 괄호 ( ) 안은 t 표시

3.1.2 풍차 본체의 조립

(1) 시공 흐름

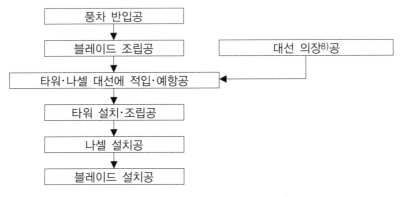

그림 3.1.1 풍차의 본체 조립 흐름

---

7) 제원 : 기계류의 치수나 무게 따위의 성능과 특성을 나타낸 수적(數的) 지표
8) 의장 : 선박의 여러 설비, 즉 계선(繫船)·조타(操舵)·항해·통신·거주·제창고·화물창고·통풍·난방·냉각·조명·계단·난

(2) 시공 개요도

1. 발전 기자재의 반입

2. 블레이드 조립공

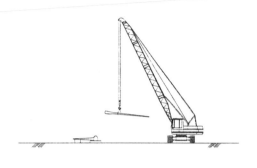

3. 타워, 나셀을 대선에 적입

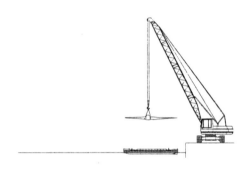

4. 블레이드 예항

5. 타워의 설치조립

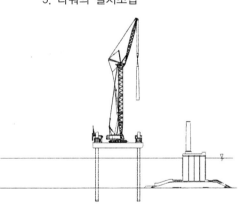

6. 블레이드 설치공

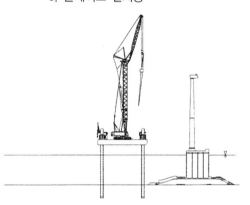

그림 3.1.2 풍차 조립시공의 예(SEP 대선+크롤러 크레인에 의한 설치)

간·소화(消火)·하역(荷役) 및 각종 파이프, 이밖에 배의 운용에 필요한 모든 것을 통틀어 의장이라고 하며, 여기에 소요되는 물품을 의장품 및 의장철물이라고 함. 조선소의 선대(船臺)에서 진수(進水)한 선체는 구내의 의장안벽(艤裝岸壁)에 계류되어 계속해서 선내의 여러 가지 설비나 기관 등을 설치함

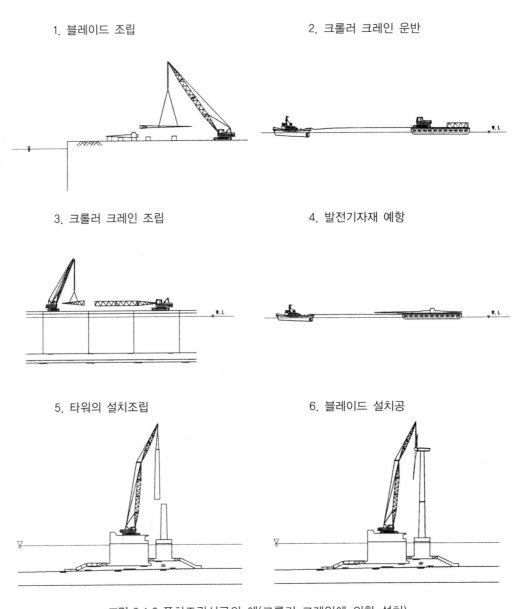

그림 3.1.3 풍차조립시공의 예(크롤러 크레인에 의한 설치)

1. 블레이드 조립
2. 크롤러 크레인 운반
3. 크롤러 크레인 조립
4. 발전기자재 예항
5. 타워의 설치조립
6. 블레이드 설치공

(3) 블레이드 조립

풍차의 설치 기수(基數) 및 블레이드의 치수를 고려해 조립작업이 가능한 작업공간을 확보할 필요가 있다. 그리고 조립할 때에는 제조회사의 사양에 따라 블레이드를 매달고, 손모(損耗)의 영향을 주지 않는 서스펜딩(suspending) 용구를 사용하는 한편, 필요한 작업 반경·서스펜딩 하중을 확보할 수 있는 크레인을 선정한다.

(4) 풍차(블레이드, 나셀, 타워) 설치

해상에서의 풍차설치에서 해상운반을 위해 풍차의 설치기수·풍차 각 부재의 제원을 고려해, 필요한 대선 및 그에 맞는 예인선을 확보할 필요가 있다. 대선에는 풍차 부재가 손모하지 않고, 또 부재의 이동·전도 등이 일어나지 않도록 처치해야 한다.

케이슨 등의 해상시설에 풍차를 설치할 때에는, 현장조건, 풍차 각 부재의 제원을 고려해 시공 가능한 작업 선단을 선정할 필요가 있다. 해상조건에 따라서는 기중기선 외에 SEP(자기승강식 대선[9])와 크롤러 크레인의 조합도 생각할 수 있다.

기중기선을 이용할 경우는 필요한 서스펜딩(suspending) 하중·아웃리치(outreach)·양정(揚程)[10]을 확보할 수 있는 기중기선을 선정할 필요가 있다. 특히 양정에는 충분한 검토가 필요하다. 또 각 부재의 서스펜딩 방법과 서스펜딩 용구는 제조회사의 지정 사항이 있는 경우도 있으므로 주의를 요한다.

(5) 기중기선의 선정

풍차의 설치에서 기술한 바와 같이 풍차 부재의 질량보다도 양정(揚程)으로 기중기선의 규격이 선정되는 경우가 많다. 여기서, 참고로 「현유(現有)작업선요람(1999년, (사)일본작업선협회)」에서의 1000t 서스펜딩 이상인 기중기선의 제원을 〈표 3.1.2〉에 소개한다.

---

9) 자기승강식작업대선(Self Elevating Platform) : 플랫폼과 승강용 다리를 가지며, 플랫폼을 해상에 상승시켜서 작업을 하는 대선
10) 양정(揚程) : 기중기, hoist 등의 물품을 들어올릴 수 있는 높이(역자 주)

표 3.1.2 기중기선의 제원

선명(船名)	크레인의 형식	정격하중 (t)	주 권양(捲揚)				보조 권양(捲揚)		
			아웃리치 (m)		양정 (m)		정격하중 (t)	아웃리치 (m)	양정 (m)
			최대하중	10%하중	최대하중	10%하중			
쿠로시오 (くろしお)	선회(旋回)	1,800	10.0	30.5	65.0	75.0	726	65.0	68.0
무사시(武蔵)	부앙(俯仰)	3,600	29.3		105.0				
수루가(駿河)	부앙(俯仰)	2,200	37.0		93.6				
콘고우(金剛)	부앙(俯仰)	2,050	29.7		79.7		200	37.4	98.3
나가토(長門)	부앙(俯仰)	1,300	28.8		76.8		100	36.5	97.0
야마지로(山城)	선회(旋回)	1,600	13.5	62.0	90.4				
제1유타카호 (第一豊号)	선회(旋回)	1,800	29.0	69.0	29.1	68.2	320	45.0	100.0
제26요시다호 (第26吉田号)	부앙(俯仰)	2,200	43.1		84.6				
제28요시다호 (第28吉田号)	부앙(俯仰)	3,000	32.2		58.8				
제50요시다호 (第50吉田号)	부앙(俯仰)	3,700	47.1		107.1				
제60요시다호 (第60吉田号)	선회(旋回)	1,700	25.0		80.0		320	34.0	102.0
가이토(海翔)	부앙(俯仰)	4,100	47.6		120.7				
신키류(新奇隆)	부앙(俯仰)	3,000	47.0		103.3				
쇼우류우(翔隆)	부앙(俯仰)	3,000	33.0		82.2		300	31.0	88.0
히토데(海星)	부앙(俯仰)	2,050	32.0		103.0		300	38.0	110.0
신카시와오오토리 (新柏鵬)	부앙(俯仰)	1,300	41.2		84.8				
신쵸우1600 (新翔-1600)	선회(旋回)	1,600	14.9		66.3				
신겐류우(新建隆)	부앙(俯仰)	1,400	40.1		90.6				

3.2 송전선의 부설

3.2.1 선정

송전선의 케이블 규격 및 부설공법, 방호방법을 선정할 때에는 풍차의 설비 및 현장의 해상조건, 지반조건 등에 맞추어 적절히 실시한다.

[해설]

송전선의 케이블 규격 및 부설공법, 방호방법을 선정할 때의 표준적인 순서를 〈그림 3.2.1〉에 나타낸다. 그리고 송전선 계획의 개요는 〈그림 3.2.2〉에 나타낸다.

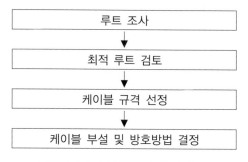

그림 3.2.1 송전선의 계획 순서

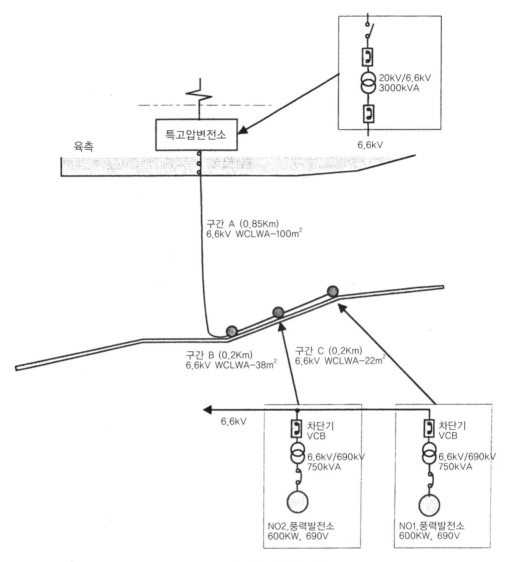

그림 3.2.2 송전선 계획의 개요

3.2.2 케이블 규격의 선정

풍차의 설비용량 및 현장의 부설조건, 방호상황 등에 따라 적절한 케이블 직경 및 케이블 외장 종별을 결정한다.

[해설]

해저케이블의 외장구조는 아래의 사항을 검토하여 결정한다.

① 해류(海流) 등 케이블 본체에 작용하는 장력에 견디는 구조일 것

② 풍력발전 설비를 운전할 때 전력선으로부터의 열(熱)에 대한 영향을 고려할 것

③ 상시 해중(海中)에 있기 때문에 해수 대책이 필요

또한 해저면에 부설되는 케이블의 길이를 산정할 때에는 부설할 루트의 각 포인트 간 직선거리뿐만 아니라, 해저면의 경사나 요철(凹凸)로 인해 늘어나는 거리와 해저면에서 케이블의 사행(蛇行)에 따른 추가거리를 고려할 필요가 있다.

[참고]

해저케이블에는 전력송전용 및 통신용 케이블이 있다. 아래에 각각의 특징에 대해 소개한다.

(1) 전력용 해저케이블

해저케이블에는 일반 육상케이블과 마찬가지로 주로 유입(油入) 절연 케이블(OF 케이블[11]) 및 가교(架橋) 폴리에틸렌 절연케이블(XLPE 케이블[12])이 사용되고 있다. XLPE 해저케이블은 절연체로서 가교폴리에틸렌을 사용한 것이며, 외상사고나 절단사고가 나면 도체의 내부로 흘러 침수되는 범위를 줄이기 위해 보통은 도체 수밀구조로 되어 있다. OF 케이블에 비해 취급이 용이해 33kV까지의 송전선로에 사용되고 있다.

교류(交流) 해저케이블에는 단심(單心) 또는 삼심(三心) 케이블이 사용되며, 선심(線心) 수는 전압, 송전용량, 경제성 등을 고려해 선정한다. 일반적으로는 제조상의 제약 때문에 송전용량이 작은 계통에서는 삼심케이블이, 송전용량이 큰 계통에서는 단심케이블이 사용되고 있

---

11) OF 케이블(유입 케이블) : 사용 중에 케이블을 피복한 납(鉛被)이 팽창하여 절연체에 틈이 생겨도, 압입(壓入)한 기름 때문에 그곳에서 방전(放電)에 의해 열화(劣化)하는 것을 방지. 4만V 이상에서는 대부분 이 케이블을 사용함 OF 케이블은, oil-impregnated paper(油侵紙)로 절연된 금속 시스(sheath, 연피(鉛被))를 가지며 상시내압이 수압보다 높게 유지되기 때문에 만일 외상사고 등 납관이 파손된 경우에도 케이블로에서의 기름 유출에 따른 급유 탱크 유량(油量) 감소로 사고를 검지할 수 있음. 또한 육상에서 실적이 풍부하고 신뢰성이 높다는 이유로 66kV 이상의 특별 고압 전선로에 사용됨(역자 주)

12) XLPE 케이블 : XLPE의 기본재료는 폴리에틸렌으로 유기 과산화수소(organic peroxides)를 사용하여 가교반응을 통해 그 화학구조가 변형되어 가교폴리에틸렌(XLPE)으로 변형됨. 폴리에틸렌의 가교방법은 950년대에 미국에서 개발되었으며 더 높은 전압에 적용하기 위해 꾸준히 기술이 개발되고 있음. 이러한 발전은 점점 더 높은 전압을 추구하고 있고 400kV XLPE 케이블은 이미 상용화되고 있음

다. 또 직류 케이블에는 일반적으로 단심형(單心形)이 사용된다.

① 철선 가이장(케이블을 둘러싼 부분) 단심연피 OF 케이블

유통로, 스파이럴, 도체, 도체상카본, 절연지, 절연체상 카본지, 차단층, 연피, 클로로 프렌인 포테이프, 보강층, 방식층, 좌상주트, 철선가이장, 외장주트

② 철선가이장 삼심연피 XLPE 케이블

도체, 도체차단층, 절연체, 절연체 차단층, 연피, 포테이프, 개재주트, 압(눌러)포테이프, 좌상쥬트, 철선가이장, 외장주트, 제어선심

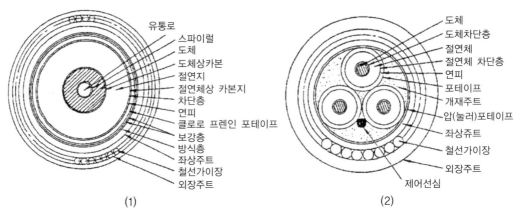

그림 3.2.3 전력용 해저 케이블의 개요

(2) 통신용 케이블

통신용 케이블은 통신 데이터만을 송수신하는 타입과 통신 데이터의 송수신 외에 해상 또는 해중에 설치된 파랑·흐름·수질 등을 관측하는 계측기기로의 파워공급을 목적으로 한 비교적 미약한 전원공급기능을 겸비한 타입으로 나뉜다.

통신데이터만을 송수신하는 타입은 다시 평형대형(平衡對形) 해저케이블과 해저동축케이블로 분류된다. 또 후자 타입의 케이블로는 항만공항기술연구소가 개발한 복합 해저케이블을 들 수 있다.

① 평형대형(平衡對形) 해저케이블

평형대형 해저케이블은 주로 가입자선, 시내 중계선에 사용되며, 시내 JF-LAP 해저케이블

과 시외 PE(폴리에틸렌) 해저케이블 2종류가 있다. 육상방식을 그대로 적용한 형식이며 무중계 전송방식이므로 적용거리는 최대 25km 정도이다.

시내(市內) JF-LAP 해저케이블은 쿼드(quad)에 집합한 심선 간의 공극에 젤리상의 혼화물을 충전하고, 외피는 유화수소의 침투를 방지하기 위한 LAP 시스(sheath)로, 전화국과 가입자를 연결하는 시내선로에 사용되고 잇다.

시외(市外) PE(폴리에틸렌) 해저케이블은 중심에 착색한 PE 끈을 두고, 그 주위에 PE절연 심선을 꼬아 쿼드에 집합한 후 또다시 그 간극에 PE를 충전하도록 PE 시스(sheath)를 실시한 케이블로, 시외선로에 사용한다.

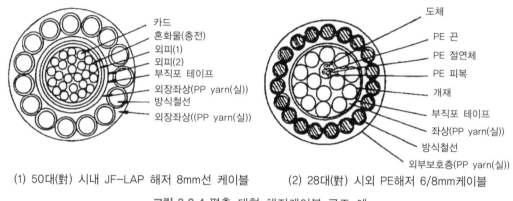

(1) 50대(對) 시내 JF-LAP 해저 8mm선 케이블   (2) 28대(對) 시외 PE해저 6/8mm케이블

그림 3.2.4 평충 대형 해저케이블 구조 예

② 동축(同軸) 해저케이블

동측 해저케이블 방식은 국제간 통신, 장거리 이도(離島, 외딴섬) 간 통신 등의 대용량화, 광대역의 필요성에서 개발된 것으로, 해안을 사이에 둔 두 지점 간을 동축 해저케이블로 연결하고, 반송기술을 사용해 통신하는 방식이다. 수심이 500m를 넘는 심해에는 무외장(無外裝) 케이블을 사용하고, 수심이 500m보다 얕은 심해에는 외장케이블을 사용한다. 무외장 케이블은 수 천 미터의 해저에서 케이블을 회수할 것을 생각해 케이블의 중량을 가볍게 하고, 또 심해에서 어장에 주는 피해 등 위험성이 없다는 등의 이유로 케이블의 기계적 강도를 중심도체 내의 확장역체(擴張力體)에 갖도록 설계되어 있다. 외장 케이블의 외장철선은 기계적 강도를 가지는 한편 외력에 대한 보호를 겸하고 있다. 또 심해용, 천해용 모두 해중의 압력에 견디도록 폴리에틸렌(PE)으로 충실(充實)[13]되어 있다.

---

13) 충실(充實) : 내용, 설비등이 알참. 속이 꽉 차고 실속이 있음

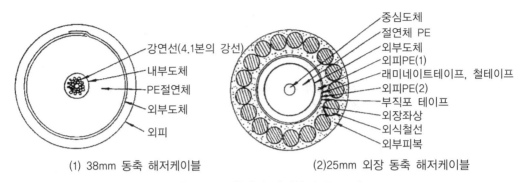

강연선(4.1본의 강선)
내부도체
PE절연체
외부도체
외피

중심도체
절연체 PE
외부도체
외피PE(1)
래미네이트테이프, 철테이프
외피PE(2)
부직포 테이프
외장좌상
외식철선
외부피복

(1) 38mm 동축 해저케이블   (2)25mm 외장 동축 해저케이블

그림 3.2.5 동축해저 케이블의 구조 예

③ 복합 해저케이블

통신 데이터의 송수신 외에 미약한 전원공급기능을 겸비한 타입의 케이블로는 복합 해저 케이블이 있다. 〈그림 3.2.6〉에 복합 해저케이블의 단면을 나타낸다. 복합 해저케이블은 단면적이 $2mm^2$인 신호선 또는 약전력 공급선의 각 심(芯)을 보호하는 한편, 주위를 부드럽고, 유연하게 끌어당길 뿐만 아니라 반복 휨하중에도 강한 SUS 철사줄로 특수한 외장을 입혔다는 특징이 있다.

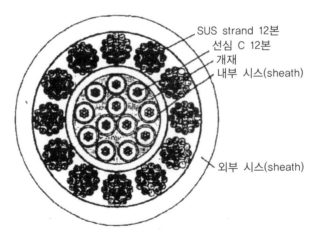

SUS strand 12본
선심 C 12본
개재
내부 시스(sheath)

외부 시스(sheath)

그림 3.2.6 복합 해저케이블의 구조 예

[참고]

풍력발전기의 출력이 변화하면, 계통전압이 변동된다. 송전선·변전설비에는 리액턴스 (reactance)·저항이 있고, 그 곳에 풍력발전기에서의 전류가 흘러 전압강하가 생긴다. 해상풍력발전은 설치지점이 기설 전력계통으로부터 떨어져 있는 경우가 많기 때문에, 송전선 거리

가 길고, 임피던스(impedance)[14]가 크기 때문에 발전기 전력변동에 의한 전압변동이 커지는 경향이 있다고 생각된다.

해저케이블을 선정할 때에는 풍차의 최대 시동전류 등을 확인하고 발전시설의 간선(幹線)을 계산해, 전압강하가 규정을 충족하는 규격을 선정할 필요가 있다. 내선규정(사단법인 일본전기협회 전기기술기준조사위원회 1995년)에서는 발전기에서 변전설비까지의 전압강하를 5% 이하(케이블 수평거리(恒長) 120m 이하) 6% 이하(케이블 수평거리 200m 이하), 7% 이하(케이블 수평거리 200m 초과)로 규정되어 있으므로 전압강하와 케이블의 허용전류를 고려해 케이블을 선정한다.

(1) 전압강하계산방법

전압강하 e를 아래의 식으로 계산한다. 여기서는 기동(起動)시의 시동전류를 정격전류와 동등한 것으로 하고, 역률도 정격과 같다고 가정해 계산한다.

임피던스법

$$e = \frac{\sqrt{3} \times L \times I \times (R\cos\theta + X\sin\theta)}{V} \times 100$$

e : 전압강하(%)　　　　R : 저항(Ω/km)

L : 수평거리(km)　　　X : 리액턴스(Ω/km)

I : 부하전류(A)　　　　sinθ : 무효율(無效率)

V: 전압(V)　　　　　　cosθ : 역률

(2) 계산 예

〈그림 3.2.2〉의 계통에서, 600kW의 풍력발전설비를 설치한 경우를 상정하고 시설 내 변전소에서의 간선(幹線) 계산 예를 나타낸다.

---

14) 임피던스(impedance) : 저항, 코일, 축전기가 직렬로 연결된 교류회로의 합성저항을 임피던스라고 함. 임피던스는 전압과 전류의 비율외에 위상도 함께 나타내는 벡터량임. 복소수 Z=R+ix(i는 허수단위)로 표시하며 실수부분 R은 저항값이며, 허수부분 x는 리액턴스임

구간(A)

① V(사용전압)	6600(V)
② L(수평거리)	0.85(km)
③ I(부하전류)	198(A) 600(kw)×1000×1/0.8÷6600(V)÷$\sqrt{3}$=66(A) 66(A)×3(풍력발전대수)=198(A)
④ cosθ : 역률	0.8
⑤ sinθ : 무효율	0.6
⑥ 사용케이블	6600V WCLWA 100$^{\square}$×3
⑦ 케이블의 허용전류	275(A)>198(A)
⑧ R(저항)	0.239(Ω/km)
⑨ X(리액턴스)	0.110(Ω/km)
⑩ 전압강하(%)	$e = \dfrac{\sqrt{3} \times L \times I \times (R\cos\theta + X\sin\theta)}{V} \times 100$ $= \dfrac{\sqrt{3} \times 0.85 \times 198 \times (0.239 \times 0.8 + 0.11 \times 0.6)}{6600} \times 100$ $= 1.134(\%)$

구간(B)

① V(사용전압)	6600(V)
② L(수평거리)	0.2(km)
③ I(부하전류)	66(A) 600(kw)×1000×1/0.8÷6600(V)÷$\sqrt{3}$=66(A) 66(A)×2(풍력발전대수)=132(A)
④ cosθ : 역률	0.8
⑤ sinθ : 무효율	0.6
⑥ 사용케이블	6600V WCLWA 38$^{\square}$×3
⑦ 케이블의 허용전류	160(A)>132(A)
⑧ R(저항)	0.626(Ω/km)
⑨ X(리액턴스)	0.128(Ω/km)
⑩ 전압강하(%)	$e = \dfrac{\sqrt{3} \times L \times I \times (R\cos\theta + X\sin\theta)}{V} \times 100$ $= \dfrac{\sqrt{3} \times 0.2 \times 132 \times (0.626 \times 0.8 + 0.128 \times 0.6)}{6600} \times 100$ $= 0.39(\%)$

구간(C)

① V(사용전압)	6600(V)
② L(수평거리)	0.2(km)
③ I(부하전류)	66(A) $600(kw) \times 1000 \times 1/0.8 \div 6600(V) \div \sqrt{3} = 66(A)$
④ cosθ : 역률	0.8
⑤ sinθ : 무효율	0.6
⑥ 사용케이블	6600V WCLWA 22$^\square$×3
⑦ 케이블의 허용전류	120(A)>66(A)
⑧ R(저항)	1.083(Ω/km)
⑨ X(리액턴스)	0.123(Ω/km)
⑩ 전압강하(%)	$e = \dfrac{\sqrt{3} \times L \times I \times (R\cos\theta + X\sin\theta)}{V} \times 100$ $= \dfrac{\sqrt{3} \times 0.2 \times 66 \times (1.083 \times 0.8 + 0.123 \times 0.6)}{6600} \times 100$ $= 0.326(\%)$

각 구간 A, B, C의 전압강하를 합하면,

구간 A+구간 B+구간 C = 1.134(%)+0.39(%)+0.326(%)

=1.85(%) < 5.00(%) (OK)

3.2.3 루트 조사

해상에서 케이블을 양호하게 부설(敷設)·유지할 수 있는 최적 루트를 선정하기 위해 실제로 해양에서 조사하는 것을 기본으로 한다.

[해설]

루트의 조사는 해도(海圖), 지형도 등을 이용하고, 검토에서 선정된 루트를 기본으로 이하의 항목에 대해 조사를 실시한다.

· 측위, 측심, 해저면 조사
· 지층탐사, 해저질 조사
· 해역에 따라서는, 기뢰(機雷)조사를 위해 자기(磁氣) 탐사

3.2.4 최적 루트의 검토

> 조사결과의 데이터를 분석해 케이블을 부설할 최적 루트를 검토·결정한다.

[해설]

부설할 루트의 검토에서는 이하의 사항을 고려한다.

· 부설루트가 짧고, 가능한 한 직선일 것

· 해저면은 평탄하고 기복이 적을 것

· 수심이 얕고, 조류가 완만할 것

· 기설 케이블과 교차 또는 근접하지 않을 것

· 매립이나 준설[15] 등이 장래에 계획되어 있지 않을 것

· 전기부식 등의 우려가 없을 것

선정한 루트에서의 케이블 방호방법과 매설구간, 가능 매설심도 등을 검토하고, 루트를 결정할 때에는 항만관리자 및 해상보안청과 협의한다. 부설공법 등의 공사계획에 대해서도 충분한 협의가 필요하다.

3.2.5 케이블의 부설방법 선정

> 부설할 루트의 자연조건, 현장조건을 고려해 케이블의 부설방법을 선정한다.

[해설]

케이블 부설할 때에는 조류, 파랑 등의 자연조건과 루트의 길이 및 시공구역 등 현장조건에 따라 적절한 공법을 선정한다. 〈표 3.2.1〉에 특징 및 공법선정의 기준을 나타낸다. 케이블의 부설방법은 부설선 드럼방식, 부설선 부설방식 및 부이 부상방식으로 크게 나뉜다.

---

15) 준설 : 물의 깊이를 증가시켜 배가 잘 드나들게 하기 위하여 하천·항만 등의 바닥에 쌓인 모래나 암석을 파내는 일

(1) 부설선 드럼방식

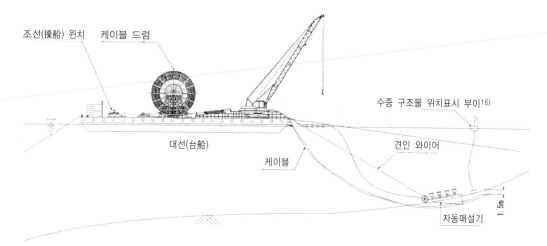

그림 3.2.6 부설선 드럼방식

(2) 부설선 부설방식

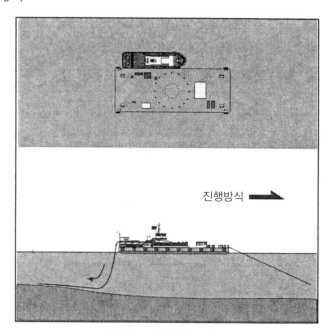

그림 3.2.7 부설선 부설방식

---

16) 설표(設標)를 수중 구조물 위치표시 부이로 기입함. 설표(設標)란 수중구조물을 건설 중일 때 그 위치를 수면 상에서 알 수 있도록 표시하는 것을 말함(역자 주)

(3) 부이 부상방식

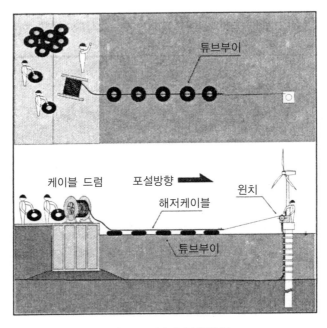

그림 3.2.8 부이 부상방식

표 3.2.1 해저케이블 부설공법의 비교

	특징	공법선정의 기준
부설선 드럼방식	예정 루트에 정확한 부설이 가능	루트의 길이가 1,000m 이하인 경우 부이 부상방식이 적당하지 않은 경우
부설선 부설방식	예정 루트에 정확한 부설이 가능	루트의 길이가 1,000m 이상인 경우
부이 부상방식	부이로 부상시키고, 풍차 도달 후에 부이를 떼어내 해저에 침설하기 때문에 조류, 파랑 등의 영향을 받을 경우는 예정 루트에 정확한 부설이 곤란	루트의 길이가 1,000m 이하인 경우 부설 개시점에 드럼을 배치하는 야드를 확보할 수 있는 경우 만(灣) 내 등에서 조류나 파랑 등의 해상조건이 양호한 경우

3.2.6 케이블 방호방법의 선정

부설할 루트의 자연조건, 현장조건 등을 고려해 케이블의 방호방법을 선정한다.

[해설]

케이블의 방호방법은 조류, 파랑 등의 자연조건, 루트의 길이 및 시공구역 등의 현장조건에 따라 적절한 공법을 선정한다.

해저케이블은 저인망 어업, 배의 닻으로 인한 손상을 피하기 위해 일반적으로 매설한다. 그 매설깊이는 대형선의 항로 부근에서는 1.5~2.0m 정도, 어업활동을 하는 지역에서는 0.6~1.0m 정도가 필요하다.

해저케이블의 방호방법 중 최적의 방법으로는 매설을 들 수 있으며, 매설이 불가능한 지역에는 케이블의 외장을 중구조(重構造)로 하는 케이블 본체의 방호와 케이블 본체가 아닌, 방호관을 케이블에 설치하는 방호방법, 또는 양자를 조합하는 방법이 있다. 매설이 불가능한 지역의 케이블 방호방법은 주변 상황, 즉 주변의 어업방법, 저질(底質)17) 등을 고려해 결정할 필요가 있다.

이하에서는 매설 및 방호공법에 대한 개요를 소개한다. 아울러 〈표 3.2.2〉에 특징 및 공법 선정의 기준을 나타낸다.

(1) 기계 매설공법

매설기로 케이블을 매설한다. 매설기는 저질(底質)에 따라 기종을 선정한다.

매설방법은 케이블을 부설하면서 동시에 매설을 하는 부설 동시 매설공법과 부설한 후에 다른 공정으로 매설하는 후(後)매설공법이 있다.

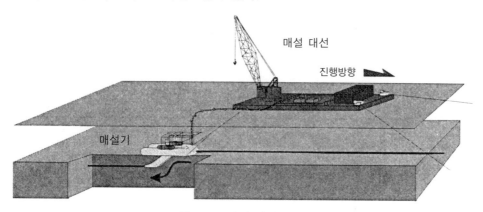

그림 3.2.9 기계 매설 시공법

(2) 사전(事前) 트렌치공법(trench method)

그랩선(grab dredger) 등으로 케이블을 부설하기 전에 해저에 트렌치를 굴삭하고, 케이블

---

17) 저질 : 바다, 호수, 하천 따위의 바닥을 이루고 있는 물질

을 부설한 후에 되메운다.

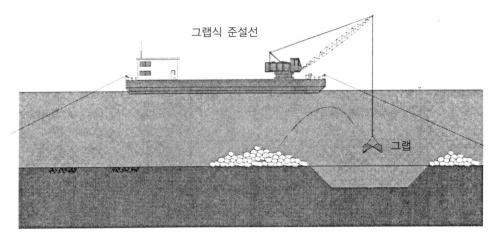

그림 3.1.10 사전 트렌치 공법

(3) 다이버 매설공법

부설한 케이블을 잠수부가 제트수류로 매설한다.

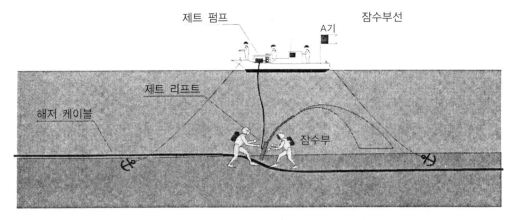

그림 3.2.11 다이버 매설공법

(4) 방호관 설치공법

부설한 케이블에 잠수부가 주철관(鑄鐵管)의 방호관을 설치한다.

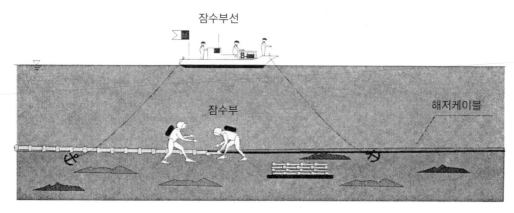

잠수부선

잠수부

해저케이블

그림 3.2.12 방호관 방호공법

표 3.2.2 해저케이블 매설공법의 비교

	특징	공법규정의 기준
기계매설공법	수심이 깊어도 효율 좋게 매설이 가능하다. 매설심도를 깊게 할 수 있어 선로의 안전성이 높다.	매설심도가 1.0m 이상 매설연장이 1,000m 이상인 경우
사전 트렌치 공법	저질(底質) 딱딱한 경우에도 시공이 가능하다. 매설심도도 깊이 확보할 수 있다.	암반 등으로 매설기나 핸드매설로 굴삭이 곤란한 경우이며, 매설 심도의 확보가 필요한 경우
다이버 매설공법	부설선 등의 선박이 진입할 수 없는 장소에서도 시공이 가능하다.	수심이 30m 이하로 얕고, 저질이 모래일 경우 매설심도가 1.0m 이하인 경우 매설연장이 1,000m 이하인 경우
방호관 설치공법	암반부 등에서의 방호로서 이용한다.	수심이 30m 이하로 얕은 암반부에서, 투묘(投錨)[18]의 가능성은 낮으나 매설방호가 필요한 경우

3.3 시공관리

풍차발전시설의 시공에서는 공정관리, 품질관리, 시공 완성품 관리 등의 시공관리를 실시해야 한다.

---

18) 투묘 : 배를 정박하고자 닻을 내림

[해설]

설계도서에 명시된 사항 및 시공계획서에 명시된 공기, 수량, 제원, 품질 등을 확보하기 위해 하는 것이다. 특히 해상 공사에서는 기상, 해상 조건 및 작업환경 등의 변화에 좌우되기 쉬워 끊임없이 충분한 시공관리를 실시할 필요가 있다. 또 실시상황을 파악하고 장래를 예측해 시공조건에 변화가 생길 경우에는 시공계획을 재검토, 공사의 목적물을 완성시키기 위해 안전한 시공에 힘써야 한다.

시공관리에서는 공사계획도, 특기사양서 및 항만공사 공통사양서의 해당 공정 기술내용 등의 설계도서를 잘 이해해둘 필요가 있다.

시공관리의 주된 항목으로는 다음과 같은 것이 있다.

(1) 공정관리

공정관리는 소정의 공기(工期) 내에 공사를 완성시키기 위해 하는 것으로, 시공계획도에 따라 공사의 목적물이 완성되도록 관리해야 한다. 또한 공정관리상 예상 밖의 요인이 추가되는 경우에도 즉시 대응할 수 있도록 효율적인 관리가 필요하다.

(2) 품질관리

품질관리는 사용하는 재료 및 구조물의 품질이 설계도서에 명시된 품질을 확보할 수 있도록 하는 것으로, 시공의 각 단계에서 각각의 품질관리 목적에 맞는 관리방법, 시험방법 등으로 실시해야 한다.

(3) 시공 완성품 관리

시공 완성품 관리는 구조물의 필요한 기능을 발휘할 수 있도록 하는 것으로, 구조물의 시공 정도를 설계도서에 명시된 허용치가 범위 내에 들어가도록 관리해야 한다.

(4) 안전관리

시공에서는 관련 규칙 등을 준수하고, 시공법의 특질과 작업순서를 충분히 이해해 안전관리를 실시해야 한다.

04 유지관리

4.1 개요

유지관리에서는 원칙적으로 공용 개시 전에 유지관리 계획을 책정할 필요가 있다. 공용 개시 후에는 기능을 양호하게 유지하고, 안전성의 저하를 방지하기 위해 점검 및 조사를 실시한다. 소정의 건전도를 유지할 수 없을 경우에는 필요에 따라 보수 등의 대책을 강구한다.

[해설]

(1) 유지관리에서는 원칙적으로 공용개시 이전에 유지관리계획을 책정할 필요가 있다. 해상에 설치되는 풍차는 열악한 해상환경에 놓이게 되므로 부식이나 열화 등으로 인한 기능의 저하나 사고 등을 미연에 방지하기 위해 공용 개시 이전에 장기적인 유지관리계획을 책정하고, 그에 기초해 고용 중에 시설이 양호한 상태를 유지할 수 있도록 힘써야 한다.

(2) 효율적인 유지관리를 위해서는 구조물의 설계·시공 시에 점검·조사방법, 보수방법 등을 미리 상정해 유지관리를 용이하게 할 수 있도록 하는 것이 바람직하다.

(3) 해상에 설치되는 풍차는 보통 장기간(약 20년) 요청되는 기능을 유지하면서 공용되어야 한다. 그러기 위해서는 구조물의 당초 설계에서의 고려뿐만 아니라, 공용개시 이후의 적절한 유지관리가 불가피하다.

(4) 점검·검사, 평가, 보수·보강 등 유지관리에 관한 각종 데이터는 일정한 양식에 따라 기록·보관해둘 필요가 있다. 계통적으로 정리된 유지관리 정보는 당해 시설의 건전도에 대한 적절한 평가, 유지·보수 등을 하기 위한 기초적인 정보인 동시에 전체적인 시설의 열화

대책을 강구할 때나 시설 LCC(Life Cycle Cost)의 저감을 검토할 때 유용하다.

(5) 해상에 설치되는 풍차의 본체, 기초, 전선·케이블에 대해 다음 항의 매뉴얼류를 참고해 적절한 유지관리를 한다.

(6) 해상풍차기초 특유의 점검·검사항목으로는 풍차타워 본체의 연직도(풍차기초 천단의 수평도)를 들 수 있다. 풍차타워 본체 연직도의 관리치(管理値)는 풍차 제조회사로부터 보통은 제시되지 않기 때문에 풍차의 제조회사에 문의할 필요가 있다. 풍차 본체를 점검·검사할 때에는 풍차타워 본체의 연직도도 함께 점검·검사하는 것이 바람직하다. 풍차본체의 연직도가 관리치를 초과해 풍차의 기능을 만족할 수 없다고 판단될 경우에는 필요에 따라 레벨링 등의 대책을 강구하는 것이 바람직하다.

또 해상에 설치되는 풍차는 육상에 설치되는 풍차보다도 부식에 열악한 환경에 있으므로 기계부품 등이 염분을 포함한 비말(飛沫)에 노출되지 않도록 풍차본체를 가능한 한 밀폐해 유지하는 등 주의를 기울일 필요가 있다. 전선·케이블에 대해서는 보통 발전소의 전선·케이블과 동등한 유지관리를 하는 것이 바람직하다.

[참고]

풍차의 점검·보수작업은 고소(高所) 작업이 되므로 작업은 바람 및 풍랑이 정온(靜穩)한 때를 선택하고, 특히 안전에 유의해 작업하는 것이 바람직하다.

아래에 해상풍차의 유지관리에 참고가 될 매뉴얼을 소개한다.

〈풍차 본체의 유지관리에 대해〉

  (1) 신에너지·산업기술종합개발기구(이하, NEDO) 「풍력발전도입 가이드북」(2000년)

〈해상풍차 기초의 유지관리에 대해〉

  (2) 운수성(運輸省)항만기술연구소 편저 「항만구조물의 유지·보수 매뉴얼」

     (재단법인 연안개발기술연구센터, 1999년 6월)

〈전선·케이블의 유지관리에 대해〉

　(3)「기술자료 기자(技資) 제107호 전선·케이블의 내용연수에 대해」(사단법인 일본전선공업회)

4.2 풍차본체의 유지관리

공용 개시 후에는 육상에 설치되는 풍차와 동일한 유지관리를 한다. 특히 육상에 설치되는 풍차에 비해 열악한 환경에 있기 때문에 가능한 한 기계부품을 밀폐하는 등의 궁리를 하는 것이 바람직하다. 또 시기에 따라 해상의 상황이 나빠 점검·보수가 곤란할 것으로 예상되는 경우에는 그러한 것을 고려한 점검계획을 세울 필요가 있다.

[해설]

해상에 설치되는 풍차도 육상에 설치되는 풍차와 동일한 유지관리를 한다. 예를 들어, 기계부품을 밀폐하는 등 풍차가 설치되는 환경을 생각해 염해대책 등을 고려한 유지관리계획을 세울 필요가 있다.

「NEDO의 풍력발전 도입 가이드북」에서는 유지관리방법에 대해 아래와 같이 설명되어 있다.

[참고]

풍력발전시스템은 무인자동운전이 가능하며, 기본적으로는 운전상태의 상시감시 등이 불요(不要)하다. 그러나 법적으로 사업용 전기공작물로 정의되어 설치자에 의한 자주적인 보안 확보(보안규정의 작성, 전기 주임기술자의 선임)가 의무화되어 있으며, 기술원에 의한 순시(巡視), 점검 등이 필요하다. 단, 이들에 대한 점검은 일부의 경우를 제외하고 전기보안협회 등에 위탁할 수 있다. 또한 1995년 4월의 전기사업법 개정(1995년 12월 1일 시행)에 따라 전압이 600V 이하, 즉 저압 연계이며, 출력 20kW 미만인 것은 실내 배전설비와 같은 일반 전기공작물로 정의되어 설치자의 보안책임은 있으나, 상술(上述)한 법률상의 의무는 없다.

(1) 운전감시

　풍력발전시스템은 일반적으로 각종 보호장치를 갖고 있으며, 무인운전이 가능하다.「전기설비에 관한 기술기준」에서는 최소한 기술원(운전에 필요한 지식 및 기능을 가진 자)이 수시로 순시(巡視)할 것을 의무화하고 있다. 따라서 일상의 운전감시가 꼭 필요한 것은 아니나, 운전상태를 파악함으로써 발전상황을 파악하는 것이 가능하고 문제가 발생했을 때 조기 회복이 가능하다.

또한 전화 회선을 이용한 원격감시도 가능하다. 〈표 4.2.1〉에 일상 순시의 항목을 나타낸다.

표 4.2.1 일상 순시의 내용 예

순시의 중점 개소	순시 포인트
옥내 사용 장소	코드나 스위치가 고장나 있지 않은가
	모터 아웃박스의 어스선이 빠져 있지 않은가
	주변 스위치, 콘센트가 고장나 있지 않은가
	모터에서 이상한 냄새나 이상한 소리가 나지 않은가
누전화재경보기 누전차단기	누전화재경보기의 전원용 플러그가 꽂혀 있는가
	누전화재경보기 버저의 스위치가 꺼져 있지 않은가
	누전차단기가 고의로 동작하지 않도록 되어 있지 않은가
옥외조명기구	스위치가 파손되어 있지 않은가
	조명용 브래킷·간판등(看板燈) 등의 장치가 빠져 있지 않은가
풍차	나셀, 블레이드, 타워 등을 육안으로 봤을 때 이상이 없는가
	진동, 이상한 소리, 이상한 냄새 등이 없는가
점검용 카메라와 제어반	제어반의 램프가 끊어져 있지 않은가
	점검용 카메라가 작동되고 있는가
	배선이 파손되어 있지 않은가
밀폐도	밀폐하기 위한 박스에 간극(間隙)이 없는가
	패킹을 사용하고 있을 경우 패킹의 열화는 없는가

(2) 전기설비의 보수점검

풍력발전설비는 사업용 전기공작물이며, 보안규정에 기초한 점검이 필요하다. 점검 빈도는 경제산업성의 통달에 따라 월 1회 이상으로 규정되어 있으며, 실제 예에서는 월 1~2회이다. 점검 내용으로는 외관의 육안점검 등 이상 여부의 체크이다. 또 연 1회 정도 외관점검과 아울러 운전을 정지하고 절연저항측정, 접지저항 측정 등의 점검을 할 필요가 있다.

점검은 전기보안협회 등에 위탁할 수도 있다. 출력이 500kW 이상일 경우는 보안 감독자로서 전기 주임기술자를 선정해야 한다. 〈표 4.2.2〉에 전기설비관계의 점검내용 예를 나타낸다.

표 4.2.2 전기설비관계의 점검내용 예(1회/년)

전기공작물		점검내용
수전설비	모선(母線), 인입전선 및 지지물 계기용 변성기 단로기, 피뢰기 전력용 콘덴서	관찰점검 절연저항시험 접지저항시험
	차단기 개폐기 배전반 및 제어회로	관찰점검 절연저항시험 계전기와의 결합동작시험
	각종 접지	관찰점검 접지저항시험
	변압기	관찰점검 절연저항시험 누설전류 시험(월 2회)
	축전지	관찰점검(연 2회) 비중측정(연 2회) 액온도(液溫度) 측정(연 2회) 전압측정(연 2회)
전기사용시설	발전기·전열기 전기 용접기 조명장치 배전선 및 배선기 기타 전기 기기류 각종 접지공사	관찰점검 절연저항시험 접지저항시험
풍력발전소	풍차발전설비	관찰점검 절연저항시험 접지저항시험
	전력변환장치 개폐기 차단기 변압기 제어장치 보호계전기 배전반 기기 등	관찰점검 절연저항시험 접지저항시험 보호계전기와의 결합동작시험 절연유 내압시험, 내부점검 제어장치시험 보호계전기 특성시험 계기교정시험
	발전설비 건물·부속실 큐비클(cubicle)	외관점검(매월 1회)
	발전설비(에너지관리)	기록계기의 기록(매월 1회)

(3) 풍차설비 본체의 점검·보수

풍차는 가동부분이 있으므로 윤활유의 보급이나 소모품의 교환 등 정기적인 점검이 필요하며, 일반적으로 제조회사 등 설치업자와 보수계약을 맺어 실시하고 있다. 점검빈도는 제조회사에 따라 다르나, 육상에 설치되는 풍차의 경우, 대개 연 1~2회이다. 해상에 설치되는 풍차의 점검빈도는 육상에 설치되는 풍차와 같은 정도로 하고 또 풍차가 설치되는 환경에 맞게 고려하는 것이 바람직하다.

점검내용은 케이블, 블레이드, 타워 등의 육안점검, 윤활유 보급, 단자접속·볼트이완, 브레이크 시스템의 점검 등이다. 2~5년마다 브레이크 패드, 기어박스·유압 브레이크용 오일 등을 교환할 필요가 있다.

표 4.2.3 풍차설비 본체의 점검내용 예(1회/년)

점검 개소	점검 내용
제어반	· 외관 상 제어반 내외의 변색, 표시불량 등을 점검 · 발전량, 전압, 풍향, 풍속, 유압 등을 계측, 기록 · 제어용 배터리의 전압 계측 · 볼트, 커넥터의 이완 등을 점검 · 절연저항계측 실시 · 보호동작회로 확인 · 청소
발전장치 블레이드	· 외관의 이상 유무(진동·이상한 소리 및 냄새 등의 확인) 블레이드의 손상 · 볼트, 너트, 접속볼트의 이완 확인 · 작동 오일필터의 막힘 점검, 청소 · 브레이크 패드의 측정 점검 · 브레이크 등의 동작 점검 · 오일 잔류량 확인 · 윤활유(grease)의 보급 · 방음재의 탈락, 빗물 침입의 유무 점검 · 녹 등의 점검, 청소
타워	· 외관의 이상 유무 · 빗물·해수의 침입 유무 · 녹 등의 점검·청소 · 연직도 점검

4.3 해상풍차기초 본체의 유지관리

공용 개시 후에는 풍차의 발전기능을 저해하지 않도록 해상풍차기초 본체의 유지관리를 실시한다.

[해설]

해상풍차기초의 유지관리는 다른 항만구조물과 동일한 유지관리 외에 풍차 본체의 발전기능을 해치치 않도록 필요에 따라 실시한다. 해상풍차의 기초는 콘크리트 구조물과 강철구조물로 크게 나뉜다. 해상풍차기초의 유지관리는 다른 항만구조물의 유지관리 예를 참고하기 바란다. 이하에, 「항만구조물의 유지·보수매뉴얼」에 기초한 케이슨식 해상풍차기초, 모노파일식 풍차기초 및 자켓식 풍차기초의 유지·관리 예를 소개한다.

[참고]

케이슨식 해상풍차기초의 유지관리

(1) 점검항목의 설정

1) 유지관리를 위한 점검 및 조사는, 유지관리계획에 기초해 작성한 점검·조사 흐름(flow)에 따라 실시한다. 이들은 그 목적에 따라 일반적으로 다음과 같이 분류된다.
   · 정기점검(일반점검, 상세점검)
   · 이상이 발생했을 때의 (임시) 점검

2) 케이슨식의 해상풍차기초를 구성하는 각 요소의 변상(變狀)은 상호 관련되어 있기 때문에 점검방법을 검토할 때에는 이들의 인과관계를 명확히 하는 한편, 가장 효율적이면서 경제적으로 점검할 수 있는 점검항목 및 지표를 선정할 필요가 있다.

3) 점검 대상이 되는 변상 및 그에 대한 점검항목의 일례를 〈표 4.3.1〉에 나타낸다.

표 4.3.1 케이슨식 해상풍차기초의 점검항목 예

점검의 대상 변상(變狀)	위치	점검항목
케이슨의 활동, 침하, 경사	상부공	이동, 침하, 경사
상부공의 균열, 박리, 손상		균열깊이(길이) 철근의 노출 유무
풍차 타워와 상부공 접합부의 열화, 손상	풍차 타워의 기초부	부식, 열화, 매립철물이나 볼트의 이완
풍차 타워의 연직도	풍차 타워	연직도
케이슨의 균열, 박리, 손상	본체공	균열깊이(길이) 철근의 노출 유무
마운드의 침하	근고공	침하, 이동
	피복공	침하, 이동
	마운드	침하, 이동
소파블록의 침하, 산란	소파공	침하, 이동
해저지반의 세굴	마운드 사석 법미 전면	세굴

(2) 점검시스템

1) 케이슨식 해상풍차기초의 케이슨 본체가 파괴되면 과대한 공비(工費)를 요(要)하게 되므로 파괴되기 전에 대책을 실시하는 것이 경제적이다. 이와 같은 관점에서, 케이슨 본체의 변상을 정기적으로 점검하는 한편, 케이슨 본체의 변상에 미치는 영향을 충분히 파악해둘 필요가 있다. 또 점검시기로는 점검조사를 하기 쉬운 시기가 바람직하며, 태풍, 동계(冬季) 풍파 또는 이상(異常)저기압에 의한 풍파 등 해당지점에 고파(高波)가 발생하기 쉬운 시기의 전후가 바람직하다. 그리고 태풍, 동계 풍파에 의한 파랑이나 지진 등 설계외력과 같은 정도의 외력이 작용했을 때에는 최대한 빨리 이상 발생 여부를 점검하는 것이 바람직하다.

2) 정기점검의 목적은, 정기적(계속적)으로 기초의 상황을 파악해 경제적으로 보수할 수 있는 변상 단계에서 변상을 발견하고, 재해 발생 시의 변상을 판단하기 위한 기초데이터를 얻는 데 있다. 이러한 목적에서, 정기점검에서는 〈표 4.3.2〉에 나타내는 모든 점검항목을 대상으로 할 필요가 있다. 그리고 점검항목과 점검빈도에 대해서는 풍차 발전시설의 중요도나 설치 환경에 따라 계획하는 것이 바람직하다. 또 건설 후 5년 이상 경과해 안정된 상태에 접어들었다고 판단되는 시설에 대해서는 진행이 거의 없는 변상에 대한 점검작업을 생략해

점검작업의 효율화를 꾀할 수 있다.

표 4.3.2 케이슨식 해상 풍차기초의 정기점검 항목과 빈도의 예

위치	점검항목	점검빈도
본체·상부공	이동, 침하, 경사	2년에 1회를 표준으로 한다.
	균열의 깊이(길이)	
	철근 노출의 유무	
풍차의 타워와 상부공의 접합부	손상, 열화, 볼트의 이완, 피로균열 등의 변상	
풍차의 타워	연직도	
피복공	침하, 이동	
근고공	침하, 이동	
마운드	침하, 이동	
소파공	침하, 이동	
마운드 사석 법미 전면	세굴	

3) 이상(異常)이 발생했을 때의 점검은 이상 외력이 작용해 구조물이 피해를 입는 변상이 발생한 경우 이를 파악할 목적으로 실시한다. 이상 외력으로는 다음과 같은 것이 상정된다.
 · 태풍
 · 계절풍 또는 이상저기압에 의해 설계 파고의 75% 이상의 파랑이 내습한 경우
 · 지진

이 중에 태풍과 지진에 대해서는 명확하게 규정되어 있으나, 계절풍과, 일본 열도를 끼고 동해(일본에서는 일본해라 칭함)와 태평양 양쪽에 나타나는 저기압 등의 이상 저기압에 대해서는 기준이 명확하지 않기 때문에 설계파고의 75% 이상의 파랑이 내습(來襲)[19]한 경우로 한다. 이상 발생 시의 점검을 〈표 4.3.3〉에 나타낸다.

---

19) 내습(來襲): 일본열도를 사이에 둔 두 저기압으로 전국적으로 강한 바람과 비를 동반함

표 4.3.3 케이슨식 해상 풍차기초의 이상 발생 시 점검항목의 예

위치	점검항목
상부공	이동, 침하, 경사
풍차의 타워와 기초의 접합부	손상
풍차의 타워	연직도
피복공(법견)	침하, 이동
피복공(법미)	침하, 이동
근고공	침하, 이동
소파공	침하, 이동
마운드 사석 법미 전면	세굴

모노파일식 해상풍차기초 및 자켓식 해상풍차기초의 유지관리

(1) 점검항목의 설정

1) 유지관리를 위한 점검 및 조사는 유지관리계획에 기초해 작성한 점검·조사흐름(flow)에 따라 실시한다. 이들은 그 목적에 따라 일반적으로 다음과 같이 분류된다.
  • 정기점검(일반점검, 상세점검)
  • 이상 발생 시의 (임시) 점검

2) 대표적인 변상현상의 진행과정으로서, 진행형에서는 말뚝부식에 의한 안정성의 저하를, 재해형에서는 파압 또는 풍하중에 의한 말뚝 및 자켓 본체의 국부좌굴 등의 손상을 들 수 있다.

3) 점검 대상이 되는 진행형 변상으로는 말뚝의 부식 및 자켓 본체의 부식, 그리고 이상 발생 시의 변상으로는 말뚝과 자켓 본체의 손상을 들 수 있다. 또한 기초와 풍차 타워와의 접합부를 콘크리트 구조로 한 경우에는 콘크리트의 열화에 주의할 필요가 있다.

말뚝의 부식으로 시작되는 변상은 그 이후의 변상에 직결되고 있어, 말뚝의 부식이 곧 구성재의 손상에서 안정성 저하로 이어지는 것도 있다. 따라서 적어도 말뚝의 부식단계에서 발견할 필요가 있다. 또한 일반적으로 문제가 되는 변상부분(부식부분) 이 말뚝의 두부(頭部)에서 해면 근방부근에 한정되어 있기 때문에 이 단계에서 점검하면, 점검 후의 유지보수를 효율적으로 할 수 있다.

콘크리트의 열화는 상부공의 균열과 철근의 부식 간에 순환적인 연쇄관계를 낳는다. 변상

과 점검항목의 예를 〈표 4.3.4〉에 나타낸다.

표 4.3.4 모노파일식 해상풍차기초 및 자켓식 풍차기초의 변상과 점검항목의 예

점검대상의 변상	위치	점검항목
말뚝의 부식	말뚝(해면 부근)	부식상황 말뚝의 두께
전기방식의 전위	기초 본체	전위 측정
말뚝 주변의 세굴	말뚝(해저면 부근)	세굴 깊이
자켓 본체의 부식	자켓 본체	부식 상황
풍차 타워의 전도	풍차 타워	연직도
기초의 전도	기초 본체	연직도
콘크리트의 균열	상부공	균열

(2) 점검시스템

1) 모노파일식 해상풍차기초, 자켓식 해상풍차기초의 정기점검 항목을 정리해, 〈표 4.3.5〉
에 나타낸다. 정기점검의 빈도와 시기는 변상의 진행특성에 따라 설정하는 한편, 점검의 난
이도, 평가의 정도(精度) 등도 고려해둘 필요가 있다.

2) 정기 점검할 때의 점검항목, 점검방법 및 표준 점검빈도의 예를 〈표 4.3.5〉에 나타낸다.
이상이 발견되어 보수가 필요한 경우의 보수방법은 다른 항만구조물과 동일하게 해도 된다.

표 4.3.5 모노파일식 풍차기초 및 자켓식 풍차기초의 정기점검 항목과 빈도 예

위치	점검항목	점검방법	표준 점검빈도
말뚝 및 자켓	부식상황	육안검사(강재의 두께 측정) 전기방식의 전위 측정	2년에 1회 (두께 측정은 5년에 1회)
해저면의 세굴	세굴깊이	육안검사	2년에 1회
기초의 전도	기초의 연직도	다림추 등에 의한 측정	2년에 1회
콘크리트부	균열상황	육안검사, 콘크리트의 박리와 들뜸의 타검(打檢)	2년에 1회

3) 이상이 발생했을 때의 점검은, 이상 외력이 작용해 구조물이 피해를 입는 변상이 발생
한 경우 이를 파악할 목적으로 실시한다. 이상 외력에 대해서는 4.3 [참고] 케이슨식 해상풍

차기초의 유지관리와 동일하게 해도 된다.

모노파일식 풍차기초 및 자켓식 풍차기초의 이상이 발생했을 때의 점검항목 예를 표 4.3.6에 나타낸다.

표 4.3.6 모노파일식 풍차기초 및 자켓식 풍차기초의 이상발생 시 점검항목 예

위치	점검항목	점검방법
해저면의 세굴	세굴 깊이	육안검사
기초의 전도	기초의 연직도	다림추 등에 의한 측정
콘크리트부	균열 상황	육안검사, 콘크리트의 박리와 들뜸 타검

4.4 전선·케이블의 유지관리

공용 개시 후에는 다른 발전소의 전선·케이블과 동일한 유지관리를 실시한다.

[해설]

해상 풍차의 전선·케이블은 다른 전선·케이블과 동일한 유지관리를 하면 되지만 해상풍차는 발전시설이기 때문에 전선·케이블의 파손이 전력의 수요가에게 주는 영향이 크므로, 해상풍차의 중요도에 따라 점검빈도나 부품의 교환빈도를 늘리는 것이 바람직하다.

전선·케이블의 유지관리에 대해서는 「기술자료 기자(技資) 제107호 전선·케이블의 내용연수에 대해서(사단법인 일본전선공업회)」 등에 상세히 설명되어 있다. 전선·케이블의 유지관리에 대해서 이하에 참고로 기재한다.

[참고]

(1) 전선·케이블의 내용연수

일반 전선·케이블의 설계상의 내용연수는 그 절연체에 대한 열적·전기적 스트레스 면에서 20년~30년을 기준으로 생각하고 있는데, 사용 상태에서의 내용연수는 그 부설환경과 사용상황에 따라 크게 변화한다.

(2) 전선·케이블의 열화 요인

전선·케이블의 내용연수를 단축하는 열화 요인으로는 다음과 같은 것이 있다.

- 전기적 요인(과전압이나 과전류 등)
- 전선케이블 내부로의 침수(결과적으로 물리적, 전기적 열화를 일으킨다)
- 기계적 요인(충격, 압축, 굴곡, 인장, 진동 등)
- 열적 요인(저온, 고온에 의한 물성의 저하)
- 화학적 요인(기름, 약품에 의한 물성 저하나 화학트리에 의한 전기적 열화)
- 자외선·오존과 염분 부착(물성저하)
- 쥐와 흰개미에 의한 식해(食害)
- 시공불량(단말(端末) 및 접속처리, 처리, 외상 등)

(3) 점검빈도

전선·케이블의 점검빈도는 3년에 1회 정도로 한다.

(4) 해중부에 포설(매설)된 전선·케이블의 부설 조사

해중에 부설(매설)된 전선·케이블의 조사항목, 점검방법 및 점검항목의 예를 〈표 4.4.1〉에 나타낸다.

표 4.4.1 해중에 부설(매설)된 전선·케이블의 조사항목, 점검방법 및 점검항목의 예

조사구역	조사항목	점검방법	점검항목
매설부 (埋設部)	매설심도 조사	잠수부가 탐사봉 등으로 해저를 찔러, 전선·케이블의 위치를 탐사하고, 관입량을 기록한다.	• (규정 이상의) 매설심도가 유지되고 있는가
노출부 (露出部)	부설상황 조사 2개 분할 주철(鑄鐵) 방호설치관(방호관)의 탈락, 파손, 브릿지* 유무 조사	잠수부가 해저를 걸으면서 전선·케이블의 상태(변형, 기타)를 확인하고, 수중 카메라 또는 비디오로 기록한다.	• (방호관을 붙인 경우) 방호관의 탈락 • (방호관을 붙인 경우) 방호관의 파손 • 브릿지 발생의 유무 변형 그 밖의 이상
석적부 (石積部)	부설상황 조사 2개 분할 주철(鑄鐵) 방호설치관(방호관)의 탈락 조사	잠수부가 전선·케이블 석적설부(石積設部)를 따라 걸으면서, 전선·케이블이 노출된 곳이 없는지 육안으로 확인한다. 위치는 금속 탐지기 등으로 확인한다.	• 노출부분은 없는가 • 쌓인 돌이 붕괴된 곳은 없는가 • 방호관의 손상은 없는가

주) * 브릿지란 전선·케이블이 2점으로 지지된 불안정한 상태이다. 이 상황은 조류나 파랑의 영향을 받기 쉽고, 또한 유목(流木) 등이 걸리기 쉬운 등 파손의 원인이 된다.

(5) 육상부에 부설(매설)된 전선·케이블의 조사항목, 점검방법 및 점검항목의 예

조사	조사방법	점검항목
평판 측량	포설 범위를 평판을 이용해 측량한다.	• 부설했을 때 이후의 지형 변화 • 부설 후에 생긴 구조물은 없는가(호안(護岸)이나 건축물 등)
사진촬영	주위상황을 사진으로 촬영한다.	• 부설했을 때 이후의 지형 변화 • 부설 후에 생긴 구조물은 없는가(호안(護岸)이나 건축물 등)

참고문헌 일람

풍력발전을 이해하는 데 참고가 될 문헌을 이하에 나타낸다.

문헌명·저자	발표년
風力発電システムの設計マニュアル 　新エネルギー・産業技術開発機構	1996年 3月
日本における洋上風力発電の導入可能性調査 　新エネルギー・産業技術開発機構 　千代田デイムス・アンド・ムーア株式会社	1999年 3月
港湾・沿岸域における新エネルギー（風力発電等）導入計画策定調査報告書 　運輸省港湾局開発課	2000年 3月
沿岸域における新エネルギー開発プロジェクトの実現化研究(III)報告書 　社団法人 海洋産業研究会	2001年 3月
風力発電システム導入促進の手引き 　財団法人 新エネルギー財団	2001年 8月
OPTI-OWECS FINAL REPORT volume 0～5 EU Joule 3 Project JOR3-CT95-0087, 　Institute for Wind Energy, Delft University of Technology	1998年
Dynamics and Design Optimisation of Offshore Wind Energy Conversion Systems 　Martin Kuhn	2001年
日本の海岸線における風況と発電量 　長井 浩, 牛山 泉, 上野 康男	第20回記念国際風力エネルギー利用シンポジウム 　1998年, pp.168～171
海上風力発電の現状と将来展望 　牛山 泉	海洋開発論文集Vol.17 2001年
NOWPHASデータより推定した洋上沿岸域での風力発電の可能性 　永井 紀彦, 勝海 努, 岡島 伸行, 隅田 耕二, 久高 将信	海洋開発論文集Vol.17 2001年
風力発電を核とする浮遊式エネルギー基地に関する一考察 　金綱 正夫, 川口 博康, 棚橋 滋雄	海洋開発論文集Vol.17 2001年

문헌명·저자	발표년
風力発電を核とする浮遊式エネルギー基地に関する一考察 金綱 正夫, 川口 博康, 棚橋 滋雄	海洋開発論文集Vol.17 2001年
洋上風力発電施設に作用する波力評価に関する研究 栗原 明夫, 五明 美智夫, 青野 利夫, 堀沢 真人	海洋開発論文集Vol.17 2001年
基礎構造が異なる海上風力発電施設の波浪及び風に対する振動特性の解析 関田 欣治, 林 辰樹, 山下 篤, 井口 高志	海洋開発論文集Vol.17 2001年
洋上風力発電施設に作用する風と波に対する応力範囲頻度分布解析 中村 慎吾, 関田 欣治, 山下 篤, 林 伸幸	海洋開発論文集Vol.18 2002年
洋上風力発電施設に作用する風抗力及び減衰定数に関する風洞装置を用いた基礎的実験 関田 欣治, 石川 裕和, 林 辰樹, 山下 篤, 林 伸幸, 矢後 清和	海洋開発論文集Vol.18 2002年
Offshore Wind Energy-Ready to Power Europe Henderson, A R, Morgan, C, Garrad Hassan, Smith, Sorensen, H C, Energi, Barthelmie, R, Stubbe, E	Dffshore and Polar Engineering Conference, ISOPE, 2002, MAY
A Feasibility Study on a Floating Wind Farm off Japan Coast Kosugi, A, Kagemoto, H, Akutsu, Y, Kinoshita, T	The 20th International Offshore and Polar Engineering Conference, ISOPE, 2002, MAY
Potential for Floating Offshore Wind Energy in Japanese Waters Henderson, A R, Leutz, R	The 20th International Offshore and Polar Engineering Conference, ISOPE, 2002, MAY
Development of a Wind Turbine for Outlying Islands Shimizu, Y, Mawda, T, Kamada, Y	The 20th International Offshore and Polar Engineering Conference, ISOPE, 2002, MAY
Dynamic Response Analysys of Onshore Wind Energy Power Units during Earthquakes and Wind Osamu KIYOMIYA, Tatsuomi RIKIJI and Pieter H.A.J.M. van GELEDER	The 20th International Offshore and Polar Engineering Conference, ISOPE, 2002, MAY
風力エネルギー読本 本間 琢也	オーム社 1983年
風の世界 吉野 正敏	東京大学出版会 1989年

문헌명·저자	발표년
エネルギー複合時代がやってくる　多様化・分散化を探る 　　信濃新聞社編	ダイヤモンド社 1989年
風力発電技術 　　清水　幸丸	パワー社 1990年
21世紀のエネルギーと環境　青い地球を開く 　　マスコミ研究会編	国会通信社 1991年
地球からの贈り物 　　高梨　一郎　他	KBI出版 1991年
世界のエネルギー世論を読む 　　松井　賢一	電力新報社 1991年
環境にやさしい新エネルギーの開発　太陽・風力・水素 　　太田　時男　他	同文書院 1993年
電力会社に電気を売る時代 　　斉藤　敬	かんき出版 1993年
カリフォルニヤに風力発電が多い理由　自然エネルギー大国への道 　　井田　均	公人社 1994年
手にとるようにエネルギー問題がわかる本 　　長沢　光男　他	かんき出版 1994年
エネルギー大潮流 　　クリストファー・フレビン他	ダイヤモンド社 1995年
共生の大地 　　内橋　克人	岩波新書 1995年
風の博物誌（上・下） 　　ライアル・ワトソン	河出文庫 1996年
エネルギー工学と産業・社会 　　牛山　泉	放送大学教育振興会 1997年
さわやかエネルギー風車入門 　　牛山　泉	三省堂 1997年
風の気象学 　　竹内　清秀	東京大学出版会 1997年
環境アセスメントの実施手法 　　北山正文　編	日刊工業新聞 1977年
気候と文明の盛衰 　　安田　喜憲	朝倉書店 1999年

문헌명·저자	발표년
風力発電ビジネス最前線 　前由 以誠	双葉社 1999年
ここまできた風力発電 (改訂版) 　松宮 輝	工業調査会 2000年
北欧のエネルギーデモクラシー 　飯田 哲也	新評論 2000年
ここが知りたい風力発電のQ&A 　関 和市, 池田 誠	学献社 2002年
風力エネルギー 　日本風力エネルギー協会	季刊
風力エネルギー利用シンポジウム　講演論文集 　日本風力エネルギー協会	年1回
WINDPOWER MONTHLY	月刊